高等职业教育机电类专业系列教材

# 工业网络与组态技术

主　编　鲁子卉　唐　敏
副主编　宋云艳　隋　欣
参　编　王　韬　李　峰　魏　星

机械工业出版社

本书是针对技术技能型人才的特点，结合企业的需求以及教育部工业互联网职业技能等级考核对工业网络的要求编写的。本书的主要内容包括：走进工业现场控制网络技术、PROFIBUS 现场总线技术应用、工业以太网技术应用、Modbus 现场总线技术应用、CC-Link 现场总线技术应用以及工业控制组态。

本书可作为高等职业院校工业网络技术、工业互联网应用、电气自动化技术、机电一体化技术、智能控制技术和工业机器人技术等专业的教材，也可供相关工程技术人员参考阅读。

本书配有电子课件，凡使用本书作为教材的教师可登录机械工业出版社教育服务网（www.cmpedu.com）注册后下载。咨询电话：010-88379375。

### 图书在版编目（CIP）数据

工业网络与组态技术／鲁子卉，唐敏主编．--北京：机械工业出版社，2024.8．--（高等职业教育机电类专业系列教材）．-- ISBN 978-7-111-76454-0

Ⅰ．TP273

中国国家版本馆 CIP 数据核字第 202459AJ59 号

机械工业出版社（北京市百万庄大街22号　邮政编码100037）
策划编辑：薛　礼　　　　　责任编辑：薛　礼　章承林
责任校对：张亚楠　李　杉　　封面设计：鞠　杨
责任印制：张　博
北京雁林吉兆印刷有限公司印刷
2024年10月第1版第1次印刷
184mm×260mm・10印张・242千字
标准书号：ISBN 978-7-111-76454-0
定价：34.80元

电话服务　　　　　　　　网络服务
客服电话：010-88361066　　机　工　官　网：www.cmpbook.com
　　　　　010-88379833　　机　工　官　博：weibo.com/cmp1952
　　　　　010-68326294　　金　书　网：www.golden-book.com
**封底无防伪标均为盗版**　　机工教育服务网：www.cmpedu.com

# 前言 PREFACE

  党的二十大报告指出，教育、科技、人才是全面建设社会主义现代化国家的基础性、战略性支撑。统筹职业教育、高等教育、继续教育协同创新，推进职普融通、产教融合、科教融汇，优化职业教育类型定位。当前，科教兴国战略已经成为国家战略的重要组成部分，高职教育的地位日益重要，高质量的创新型人才培养已经成为实施科教兴国战略的重要举措之一。编写本书旨在贯彻落实国家的科教兴国战略，推动工业网络技术的应用和创新，为我国现代化建设提供有力的人才支撑和技术支持。

  随着智能控制技术的发展，目前工业网络技术在各个工业领域的应用越来越广泛，各企业对工业网络技术人才的需求不断增加。这就要求高等职业院校大力培养熟悉工业网络技术并能使用该技术的高技能应用型人才，从而满足企业对生产现场控制的需要。

  本书是针对技术技能型人才的特点，结合企业的需求以及教育部工业互联网职业技能等级考核对工业网络的要求编写的。本书选取了在工业生产控制中最常用的 PLC 类型为平台，并选择常用的 PROFIBUS、Modbus 现场总线以及工业以太网作为主要内容，同时兼顾 WinCC 组态软件的应用，使读者了解工业现场网络通信技术在工业分布系统中的应用，以及常用工业现场网络通信系统的构建和使用方法。本书在编写时考虑到工业网络技术涉及的知识点多、内容广等特点，以及各类读者的知识现状、学习特点，结合生产实际，以简单的案例带动知识点开展学习，以点盖面，注重培养学生解决实际问题的能力。同时依据高职高专及应用型本科人才培养的素质要求，深度挖掘项目知识点和技能点所蕴含的素质教育元素，在每个项目中加入素质教育板块，将爱国情怀、职业素养、工匠精神、劳动教育、劳模精神等与课程有机融合。

  本书由长春职业技术学院鲁子卉和唐敏任主编，宋云艳和隋欣任副主编，王韬、李峰、魏星参与了本书的编写。其中，唐敏编写项目一、项目三，鲁子卉编写项目二、项目六，王韬、李峰、魏星编写项目四，宋云艳、隋欣编写项目五，鲁子卉负责全书的统稿工作。本书在编写过程中参考了大量的书籍、文献及手册资料，在此向各位相关作者表示诚挚的谢意。

  由于编者水平有限，书中难免有错误或不恰当之处，敬请读者批评指正。

编　者

# 二维码索引

| 名称 | 二维码 | 页码 | 名称 | 二维码 | 页码 |
| --- | --- | --- | --- | --- | --- |
| 现场总线的定义 | | 2 | S7-300 PLC 的硬件组成 | | 25 |
| 现场总线的产生与发展 | | 2 | 单站的硬件组态 | | 30 |
| 现场总线的结构 | | 4 | 单站组态结果的验证 | | 33 |
| 通信的三要素 | | 7 | DP 主站与标准 DP 从站硬件组态 | | 33 |
| 通信的基本概念 | | 7 | DP 主站与标准 DP 从站组态的仿真验证 | | 36 |
| 通信的传输方式 | | 8 | DP 主站与智能从站主从通信组态 | | 37 |
| PROFIBUS 的总线控制方式 | | 18 | EM 277 模块的硬件组态 | | 40 |
| 现场设备的分类 | | 21 | S7-300 PLC 与变频器的硬件组态 | | 43 |

（续）

| 名称 | 二维码 | 页码 | 名称 | 二维码 | 页码 |
|---|---|---|---|---|---|
| 基于以太网的 S5 兼容通信 | | 52 | 主站模块的结构 | | 91 |
| 基于以太网的 S7 通信 | | 57 | 什么是保留站 | | 95 |
| Modbus 数据通信方式 | | 66 | FX 系列 PLC 与远程 I/O 模块通信系统组态 | | 104 |
| Modbus 协议的安装 | | 72 | FX 系列 PLC 与远程设备站通信系统的组态 | | 109 |
| Modbus 通信实操演示 | | 78 | FX 系列 PLC CC-Link 通信系统的组态 | | 112 |
| 库存储区的分配 | | 79 | 指示灯组态方法 | | 131 |
| CC-Link 总线的应用 | | 85 | 按钮组态方法 | | 132 |
| CC-Link 系统中站的类型 | | 86 | 使用状态显示对象 | | 136 |
| 如何理解从站占用的站数、站号和模块数 | | 88 | | | |

# 目录 CONTENTS

前言

二维码索引

## 项目一　走进工业现场控制网络技术　1

【问题引入】　1

【学习导航】　1

任务一　认识现场总线技术　2

　【任务描述】　2

　【任务学习】　2

　　一、现场总线的产生与发展　2

　　二、现场总线对工业自动化系统的影响　3

　　三、现场总线的结构及特点　4

　　四、常用的现场总线　5

任务二　现场总线的通信基础认知　7

　【任务描述】　7

　【任务学习】　7

　　一、通信系统的组成　7

　　二、通信的基本概念　7

　　三、通信的传输技术　8

　　四、现场总线控制网络　10

【素质教育】　13

【项目报告】　13

【项目评价】　14

## 项目二　PROFIBUS 现场总线技术应用　15

【问题引入】　15

【学习导航】　16

任务一　PROFIBUS 现场总线概述　16

　【任务描述】　16

　【任务学习】　17

　　一、初识 PROFIBUS 现场总线技术　17

　　二、PROFIBUS 现场总线的通信协议　17

三、PROFIBUS 现场总线的传输技术　18
　　四、PROFIBUS 网络的配置方案　21

任务二　认识 PROFIBUS-DP 系统　23
　【任务描述】　23
　【任务学习】　23
　　一、PROFIBUS-DP 系统的网络结构　23
　　二、PROFIBUS-DP 系统的工作过程　24

任务三　PROFIBUS-DP 通信系统的组建　25
　【任务描述】　25
　【任务学习】　25
　　一、S7-300 PLC 的系统结构　25
　　二、CPU 模块　26
　　三、STEP7 编程软件的安装　27
　　四、STEP7 编程软件的应用　28
　【任务实施】　30
　　一、S7-300 PLC 单站的硬件组态　30
　　二、DP 主站与标准 DP 从站通信的组态　33
　　三、DP 主站与智能从站通信的组态　36
　　四、DP 主站与 S7-200 PLC 通信的组态　39
　　五、DP 主站与变频器通信的组态　42
　【素质教育】　45
　【项目报告】　45
　【项目评价】　47

# 项目三　工业以太网技术应用　48

　【问题引入】　48
　【学习导航】　49

任务一　工业以太网概述　49
　【任务描述】　49
　【任务学习】　49
　　一、工业以太网的产生与发展　49
　　二、工业以太网应用于工业自动化中的关键问题　50

任务二　工业以太网控制系统的组建　51
　【任务描述】　51
　【任务学习】　51
　　一、SIMATIC NET 工业以太网的基本类型　51
　　二、SIMATIC NET 工业以太网的传输介质　51
　　三、S7-300 PLC 进行工业以太网通信所需的硬件与软件　52
　【任务实施】　52

一、基于以太网的 S5 兼容通信　52
　　二、基于以太网的 S7 通信　57
【素质教育】62
【项目报告】63
【项目评价】64

## 项目四　Modbus 现场总线技术应用　65

【问题引入】65
【学习导航】65
任务一　Modbus 现场总线概述　66
【任务描述】66
【任务学习】66
　　一、Modbus 现场总线的概念　66
　　二、Modbus 的数据通信方式　66
　　三、Modbus 的传输模式　67
任务二　Modbus RTU 通信　67
【任务描述】67
【任务学习】67
　　一、Modbus RTU 信息帧的报文格式　67
　　二、Modbus 的功能代码简介　68
任务三　Modbus 现场总线通信系统的组建　72
【任务描述】72
【任务学习】72
　　一、Modbus 协议的安装　72
　　二、Modbus 地址　73
　　三、Modbus 通信的建立　74
【任务实施】78
【素质教育】80
【项目报告】80
【项目评价】82

## 项目五　CC-Link 现场总线技术应用　83

【问题引入】83
【学习导航】83
任务一　CC-Link 现场总线概述　84
【任务描述】84
【任务学习】84
　　一、CC-Link 的性能特点　84
　　二、CC-Link 的应用领域　85

三、CC-Link 的系统配置与系统结构　86

　　四、CC-Link 系统的性能规格　87

任务二　CC-Link 现场总线系统通信模块认知　89

　【任务描述】　89

　【任务学习】　89

　　一、CC-Link 现场总线网络的配置　89

　　二、CC-Link 现场总线系统的通信原理　90

　　三、主站模块 $FX_{2N}$-16CCL-M　91

　　四、从站模块 $FX_{2N}$-32CCL　99

任务三　CC-Link 现场总线通信系统的组态　104

　【任务实施】　104

　　一、FX 系列 PLC 与远程 I/O 模块通信系统的组态　104

　　二、FX 系列 PLC 与远程设备站通信系统的组态　109

　　三、FX 系列 PLC CC-Link 通信系统的组态　112

　【素质教育】　116

　【项目报告】　117

　【项目评价】　119

# 项目六　工业控制组态　120

　【问题引入】　120

　【学习导航】　120

任务一　WinCC 项目管理器认知　121

　【任务描述】　121

　【任务学习】　121

　　一、项目管理器的使用　121

　　二、WinCC 变量的创建与管理　124

　【任务实施】　129

任务二　创建过程画面及组态　132

　【任务描述】　132

　【任务学习】　133

　　一、WinCC 图形编辑器　133

　　二、图形编辑器应用举例　135

　【任务实施】　142

　【素质教育】　145

　【项目报告】　146

　【项目评价】　147

# 参考文献　148

# 项目一 走进工业现场控制网络技术
## CHAPTER 1

**知识目标**
- 了解现场总线的概念、产生与发展、结构及特点
- 掌握现场总线的通信方式
- 掌握现场总线的控制方法

**能力目标**
- 能够理解现场总线在自动控制系统中所处的位置
- 能够理解总线的通信方式及在生产实际中的应用

**素养目标**
- 厚植爱国主义情怀，树立民族自豪感
- 激发学生学习课程的兴趣

【问题引入】

在熙熙攘攘的人群中，你会看见人们时刻拿着手机，不断地获取信息。无论是在生活中还是在工作场所中，全被WiFi覆盖，有的人甚至染上了"网瘾"。这一切都表明我们正处于一个信息时代。当然，这个信息时代的到来源于计算机技术的飞速发展。换句话说，没有计算机技术就不会有信息时代。

那么，当前的信息技术如何应用到生产技术上呢？信息技术带给生产活动的一个重要成果就是通信技术，而现场总线技术就是典型代表。现场总线技术是当今生产技术的客观需要，由于现在生产的产品不仅要求数量多，而且要求具备个性化特征，目前大规模生产的信息只能通过现场总线来传递和反馈。因此，现场总线技术应运而生。

【学习导航】

# 任务一　认识现场总线技术

【任务描述】

现场总线技术是指用于工业生产现场的新型工业控制技术，是一种在现场设备之间、现场设备与控制装置之间实现双向、互连、串行和多节点数字通信的技术，是工业现场控制网络技术的代名词。与传统控制系统相比，现场总线系统将控制功能下放到生产现场，使控制系统更为安全可靠；将原来面向设备选择控制和通信设备的工作方式转变为基于网络选择设备，使系统设备可互操作性增强；将传统控制系统技术含量较低且繁杂的布线工作量大大降低，使系统检测和控制单元的分布更加合理。现场总线示意图如图 1-1 所示。本任务将介绍现场总线的产生与发展、现场总线对工业自动化系统的影响、现场总线的结构与特点以及常用的现场总线。

现场总线的定义

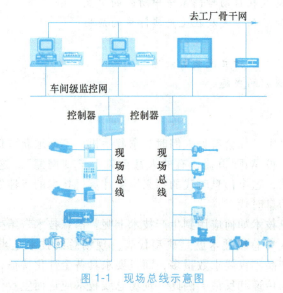

图 1-1　现场总线示意图

【任务学习】

## 一、现场总线的产生与发展

现场总线的产生与发展

控制系统的发展经历了基地式仪表数字控制系统、模拟仪表控制系统、集中式数字控制系统和集散式控制系统 4 个发展阶段，目前已经发展到现场总线控制系统。

（1）基地式仪表数字控制系统　该控制系统中的各测控仪表自成体系，既不能与其他仪表或系统连接，也不能与外界进行通信，操作人员只能通过现场巡视来了解生产情况。

（2）模拟仪表控制系统　模拟仪表又称为组合式仪表，通过模拟信号量将生产现场的参数和信息送到集中控制室，操作人员可在控制室内了解现场的生产情况，并实现对生产过程的操作和控制。

（3）集中式数字控制系统（CCS）　随着数字计算机技术的发展和应用，20世纪70年代左右，集中式数字控制系统出现并占据主导地位，它被称为第三代控制系统。集中式数字控制系统能够根据现场情况进行及时控制和计算判断，并且在控制方式和时机的选择上能进行统一调度和统筹安排。另外，由于采用单片机等作为控制器，数字信号的传输在控制器内部进行，这样不仅克服了模拟仪表控制系统中模拟信号精度低的缺陷，也提高了系统的抗干扰能力。但由于该系统对控制器本身有很高的要求，且当任务增加时，控制器的效率将明显下降，很难保证满足控制器必须具有足够的处理能力和极高的可靠性的要求。

（4）集散式控制系统（DCS）　20世纪80年代初，微处理机的出现和应用促进了第四代控制系统——集散式控制系统的产生。DCS采用集中管理、分散控制，即将管理与控制相分离：上位机执行集中监视管理，下位机在现场进行分散控制，它们之间用控制网络相连以实现信息传递。与之前几代控制系统不同，集散式控制系统降低了系统中对控制器处理能力和可靠性的要求。

（5）现场总线控制系统（FCS）　20世纪80年代中后期，随着微电子技术和大规模以及超大规模集成电路的快速发展，国际上发展起来一种以微处理器为核心，使用集成电路实现现场设备信息的采集、传输、处理以及控制等功能的智能信号传输技术——现场总线，并利用这一开放的、具有可互操作性的网络技术将各控制器和现场仪表设备实现互连，构成了现场总线控制系统。该控制系统的出现引起了传统的DCS等控制系统结构的革命性变化，把控制功能彻底下放到了现场。

## 二、现场总线对工业自动化系统的影响

1. 现场总线对自动控制的影响

1）信号类型由传统的模拟信号制转换为双向数字通信的现场总线信号制。

2）自动控制系统的体系结构将由模拟与数字的混合控制转换为全数字现场总线控制。

3）自动控制系统的现场设备智能化，具有程序及参数存储智能控制功能的产品在现场能够完成一定的控制功能。

4）现场总线把自动控制设备和系统带进了信息网络之中，避免了传统控制设备出现的信息孤岛。随着设备的智能化和自动化程度不断提高，现场信息的集成能力大大增强，为企业的信息化建设和系统信息集成提供了强大的基础平台。

5）由于现场总线采用标准化、开放性的解决方案，控制系统中产品和技术的垄断被彻底打破，同时各大企业为了推广自己的产品、提高市场占有率，也尽量公开有关的技术方案，用户对系统配置、设备选型有很大的自主权。

2. 现场总线对自动化仪表的影响

1）增强了仪表功能，提高了传送和测量精度。现场总线技术赋予了现场仪表更多、更先进的功能，例如控制、报警以及趋势分析等，采用数字量传递信号，降低了D/A与A/D的变换率，对上层系统予以简化，最终实现了对现场装置精度及可靠性的大幅度提升。

2）可远程设定或修改组态数据，进行信息的存储和记忆，以及存储传感器的特征数据、组态信息和补偿特性等。

### 三、现场总线的结构及特点

**1. 现场总线的结构**

现场总线的结构是按照国际标准化组织（ISO）制定的开放系统互连（Open System Interconnection，OSI）参考模型建立的。图1-2所示为OSI参考模型，OSI参考模型共分七层，即物理层、数据链路层、网络层、传输层、会话层、表达层和应用层，该标准规定了每一层的功能以及对上一层所提供的服务。现场总线将上述七层简化成三层，分别由OSI参考模型的第一层物理层、第二层数据链路层、第七层应用层和用户层组成，如图1-3所示。

现场总线的结构

| 7 | 应用层 |
| 6 | 表达层 |
| 5 | 会话层 |
| 4 | 传输层 |
| 3 | 网络层 |
| 2 | 数据链路层 |
| 1 | 物理层 |

图1-2  OSI参考模型

|   | 用户层 |
| 7 | 应用层 |
|   | 3～6层未使用 |
| 2 | 数据链路层 |
| 1 | 物理层 |

图1-3  现场总线中的OSI参考模型

现场总线控制系统打破了传统控制系统的结构型式。传统控制系统（如DCS）采用一对一的设备联机，按控制回路分别进行连接。位于现场的测量变送器与位于控制室的控制器之间，控制器与位于现场的执行器、开关、电动机之间均为一对一的物理连接，如图1-4所示。

由于现场总线控制系统（FCS）采用了智能现场设备，能够把DCS中处于控制室的控制模块、各输入/输出模块置入现场设备，而且现场设备具有通信能力，现场的测量变送仪表可以与阀门等执行机构直接传送信号，因而控制系统功能能够不依赖控制室的计算机或控制仪表，直接在现场完成，实现了彻底的分散控制，如图1-5所示。

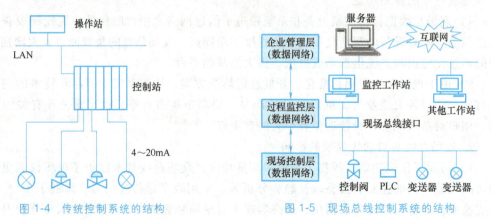

图1-4  传统控制系统的结构　　　　图1-5  现场总线控制系统的结构

现场总线控制系统利用数字信号取代设备级的模拟信号或开关量信号，不需要使用A/D、D/A转换器件，用一根电缆就可以连接所有的现场设备，在一对传输线上传输现场设备的运行状态、故障信息等多个信号，因而简化了系统结构，并节约了硬件设备、连接电缆以及各种安装与维护的费用。FCS与DCS性能的比较见表1-1。

表1-1 FCS和DCS性能的比较

| 项目 | FCS | DCS |
| --- | --- | --- |
| 控制系统 | 全分布,放弃了控制站,控制功能下放到作为网络节点的智能仪表和设备中 | 半分布,现场控制依赖于控制站 |
| 信号类型 | 数字信号 | 模拟信号、数字信号 |
| 通信方式 | 半双工 | 单工 |
| 可靠性 | 不会产生转换误差,抗干扰能力强,精度高 | 有模拟信号,传输易受干扰且精度低 |
| 状态监控 | 能实现远程监控、参数调节和自诊断等功能 | 不能了解模拟仪表的工作状况,不能对其进行参数调整,且没有自诊断功能 |
| 开放性 | 通信协议公开,用户可自主进行设备选型、设备互换及系统配置 | 大部分技术参数由制造厂制定,导致不同品牌的设备和仪表无法互换 |
| 现场仪表 | 智能仪表具有通信、测量、计算、执行和报警等功能 | 模拟仪表只具有检测、变换和补偿等功能 |

2. 现场总线的特点

（1）开放性　现场总线的开放性具有两个方面，一方面是其通信规约开放，也就是开发的开放性；另一方面是应用的开放性，即现场总线能与不同的控制系统相连接。现场总线具备开放性，符合先进控制和低成本、网络化、系统化的要求。

（2）互操作性和互用性　现场总线的互操作性和互用性是指不同生产厂家的同类设备可以互相替换，以实现设备的互用，还可以实现设备之间、设备与系统之间的信息传递与沟通。

（3）现场设备的智能化与功能自治性　现场总线系统中信号的测量、补偿计算、工程量处理与控制等功能都是在现场设备中完成的，单独的现场设备就可以完成自动控制的基本功能，可随时自我诊断运行状态。

（4）系统结构的高度分散性　现场设备的智能化与功能自治性使现场总线构成了一种新的全分布式控制系统的体系结构，各控制单元高度分散、自成体系，有效简化了系统结构，提高了可靠性。

（5）对现场环境的适应性　现场总线是专为工业现场设计的，支持双绞线、同轴电缆、光缆、无线电和红外线等传输介质，具有较强的抗干扰能力，可根据现场环境要求进行选择；能采用两线制实现通信与送电，可满足本质安全要求。

### 四、常用的现场总线

1. FF

基金会现场总线（Foundation Fieldbus，FF）是在过程自动化领域得到广泛支持和具有良好发展前景的技术。其前身是以美国Fisher-Rosemount（费希尔-罗斯蒙特）公司为首，联合Foxboro（福克斯波罗）、Yokogawa（横河）、ABB、Siemens（西门子）等80家公司制定的互联网服务提供商（ISP）协议和以 Honeywell（霍尼韦尔）公司为首，联合欧洲等地的 150 家公司制定的 WorldFIP 协议。

2. PROFIBUS

PROFIBUS 是德国国家标准 DIN19245 和欧洲标准 EN50170 的现场总线标准，由 PROFIBUS-FMS、PROFIBUS-DP、PROFIBUS-PA 三个系列组成。DP 型用于分散外设间的高速数据传输，适用于加工自动化领域的应用；FMS 型适用于纺织、楼宇自动化、可编程控制器（PLC）、低压开关等场合；PA 型是用于过程自动化的总线类型，它遵从 IEC 1158-2 标准。

3. CAN

控制局域网络（Control Area Network，CAN）最早由德国 BOSCH（博世）公司提出，用于汽车内部测量与执行部件之间的数据通信，其总线规范现已被 ISO 制定为国际标准。CAN 协议也是建立在国际标准化组织制定的开放系统互连模型基础上的，只取 OSI 底层的物理层、数据链路层和顶层的应用层。信号传输介质为双绞线，通信速率最高可达 1Mbit/s（传输距离为 40m），直接传输距离最远可达 10km（5kbit/s），可挂接设备数最多可达 110 个。

4. LonWorks

LonWorks 是由美国 Echelon（埃施朗）公司推出、并与 Motorola（摩托罗拉）、Toshiba（东芝）公司共同倡导的现场总线技术，于 1990 年正式公布的。它采用 ISO/OSI 模型的全部七层通信协议，利用面向对象的设计方法，通过网络变量把网络通信设计简化为参数设置，其通信速率为 300bit/s～1.5Mbit/s，直接通信距离可达 2700m（78kbit/s，双绞线）。它支持双绞线、同轴电缆、光纤、射频、红外线和电力线等多种通信介质，并开发了相应的本质安全防爆产品，被誉为"通用控制网络"。

5. CC-Link

控制与通信链路系统（Control &Communication Link，CC-Link）于 1996 年 11 月由以三菱电机为主导的多家公司推出。在其系统中，可以将控制和信息数据同时以 10Mbit/s 的速度传至现场网络。作为开放式现场总线，它是唯一起源于亚洲地区的总线系统。

6. Modbus

Modbus 协议是应用于电子控制器上的一种通用语言，从功能上可以认为是一种现场总线。通过此协议，控制器相互之间、控制器经由网络与其他设备之间可以进行通信。使用 Modbus，不同厂家的控制设备可以连成工业网络，以便进行集中监控。

Modbus 的数据采用主-从方式，主设备可以单独与从设备通信，也可以通过广播方式与所有设备通信。Modbus 应用比较广泛，很多厂家的工控器、PLC、变频器、智能 I/O 和 A/D 模块等设备都具备 Modbus 接口。

7. DeviceNet

DeviceNet 是由美国 Rockwell（罗克韦尔）公司在 CAN 基础上推出的一种低成本的通信链接，是一种低端网络系统。它将基本工业设备连接到网络，从而避免了昂贵、烦琐的硬接线。DeviceNet 是一种简单的网络解决方案，在提供多供货商同类部件间的可互换性的同时，减少了配线和安装工业自动化设备的成本和时间。DeviceNet 的直接互连性不仅改善了设备间的通信，而且同时提供了相当重要的设备级诊断功能。

# 任务二　现场总线的通信基础认知

【任务描述】

数据通信是两个或多个节点之间借助传输媒体以及二进制形式进行信息交换的过程。将数据准确、及时地传送到正确的目的地，是数据通信系统的基本任务。本任务将介绍通信系统的组成、通信的基本概念、通信的传输技术以及通信的网络控制方法。

【任务学习】

## 一、通信系统的组成

通信的三要素

通信的目的是传送消息。实现消息传递所需的一切设备和传输介质的总和称为通信系统，一般由信号源、发送设备、传输介质、接收设备及接收者等几部分组成，如图1-6所示。

信号源是产生消息的来源，其作用是把各种信息转换成电信号；接收者是信息的使用者，其作用是将复原的信号转换成相应的信息。

发送设备的基本功能是将信号源产生的消息信号变换成适合在传输介质中传输的信号，发送设备常常指的是编码器和调制器。

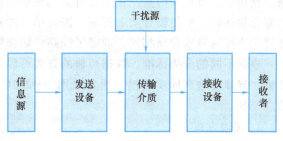

图1-6　通信系统的组成

接收设备的基本功能是完成信号的反变换，即对信息进行解调、译码和解码等，主要任务是从带有干扰的接收信号中恢复出相应的原始信号。

传输介质是指发送设备到接收设备之间信号传递所经的媒介，它可以是电磁波、红外线等无线传输介质，也可以是双绞线、电缆和光缆等有线传输介质。

干扰源是通信系统中各种设备以及信道中固有的，并且是人们所不希望的。这些干扰有来自外界的闪电、串扰、电气设备，也有内部的介质特性，通常把这些干扰统称为噪声。

## 二、通信的基本概念

**1. 数据与信号**

通信的基本概念

数据分为模拟量和数字量两种，模拟量是指在时间和幅值上连续变化的数据，如温度、压力和流量等信号；数字量是指时间上离散的、幅值经过量化的数据。

数据是信息的载体，它是信息的表现形式，可以是数字、字符和符号等。单独的数据并没有实际含义，但如果把数据按一定规则、形式组织起来，就可以传达某

— 7 —

种意义，这种具有某种意义的数据的集合就是信息。

2. 数据传输率

数据传输率是衡量通信系统有效性的指标之一，是指单位时间内传送的数据量，常用比特率（S）和波特率（B）来表示。

比特率（S）表示单位时间内传送的二进制代码的有效位数，单位为比特每秒（bit/s）、千比特每秒（kbit/s）和兆比特每秒（Mbit/s）等。

波特率（B）是数据信号对载波的调制速率，用单位时间内载波调制状态的改变次数来表示，单位为波特（baud），在数据传输过程中线路上每秒钟传送的波形个数就是波特率。比特率和波特率之间的关系为

$$比特率 = 波特率 \times 单个调制状态对应的二进制位数$$

例如，若信号由两个二进制位组成，当传输的比特率是 9600bit/s 时，其波特率是 4800baud。

## 三、通信的传输技术

现场总线系统的应用在较大程度上取决于采用哪种传输技术。传输技术的选择既要考虑传输的拓扑结构、传输速率、传输距离和传输的可靠性等通用要求，还要考虑成本是否低廉、使用是否方便等因素。在过程自动化控制的应用中，为了满足本质安全的要求，数据和电源必须在同一根传输介质上传输，因此单一的技术不能满足所有的要求。在通信模型中，物理层直接与传输介质相连，规定了线路传输介质、物理连接的类型和电气功能等特性。

根据不同的分类标准，数据传输的方式可以分为串行传输和并行传输、单向传输和双向传输、异步传输和同步传输，通常采用 RS-232C、RS-422A 及 RS-485 等通信接口标准进行信息交换。

1. 传输方式

（1）串行传输和并行传输

1）串行传输。串行传输数据的各个不同位可以分时使用同一条传输线，从低位开始一位接一位按顺序传送，数据有多少位就传送多少次。串行传输多用于 PLC 与计算机之间及多台 PLC 之间的数据传送。串行传输速度较慢，但传输线少、连接简单，适合多位数据的长距离通信，如图 1-7 所示。

通信的传输方式

图 1-7 串行通信数据传输示意图

2）并行传输。并行传输数据所在位同时传送，每个数据位都要一条单独的传输线。并行传输一般用于 PLC 内部的各元件之间、主机与扩展模块或近距离智能模块之间的数据处理。并行传输速度快、效率高，但当数据位数较多、传送距离较远时，线路就会很复杂，成本高且干扰大，不适合远距离传送，如图 1-8 所示。

（2）单向传输和双向传输　串行通信按信息在设备间的传输方向可分为单工、半双工和全双工 3 种方式，如图 1-9 所示。

1）单工通信是指信息的传输始终保持一个固定的方向，不能进行反向传输，如广播。

2) 半双工通信是指两个通信设备在进行通信时，两个设备都可以发送和接收信息，但在同一时刻只能有一个设备发送数据，而另一个设备接收数据，如无线对讲机。

3) 全双工是指两个通信设备之间可以同时发送和接收信息，线路上可以有两个方向的数据在流动，如电话。

（3）异步传输与同步传输　串行通信可分为异步传输和同步传输两种方式。

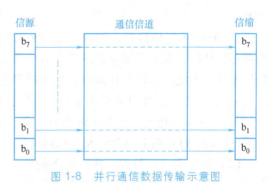

图 1-8　并行通信数据传输示意图

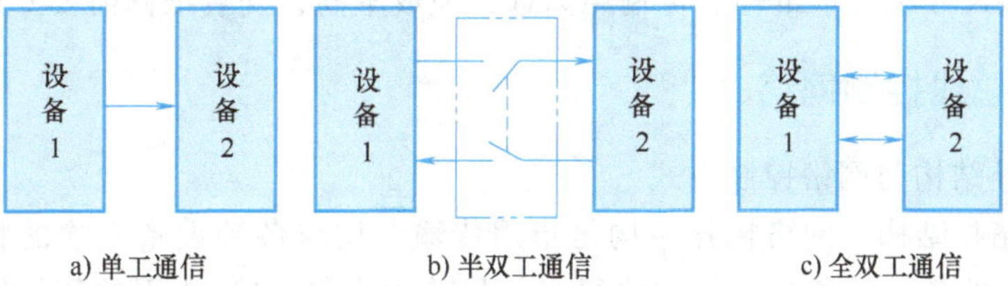

图 1-9　数据通信方式

1) 异步传输以字符为单位进行传输，每个字符都有自己的起始位和停止位，每个字符中的各个位是同步的，它是靠发送信息时同时发出字符的开始和结束标志来实现的。异步传输的传输效率低，主要用于中低速数据通信。

2) 同步传输以数据块为单位进行传输，字符与字符之间、字符内部的位与位之间都是同步的。在同步传输中，发送方和接收方要保持完全同步，即要使用同一时钟频率。同步传输的传输效率高，对硬件要求高，主要用于高速通信，如图 1-10 所示。

图 1-10　异步传输和同步传输示意图

2. 接口标准及传输介质

（1）接口标准

1) RS-232C 通信接口。RS-232C 是美国电子工业协会（EIA）于 1969 年公布的标准化接口，RS 为英文"Recommended Standard"的缩写，232 为标识号，C 为此接口标准修改的次数，它既是一种协议标准，也是一种电气标准，规定通信设备之间信息交换的方式与功能。RS-232C 可使用 9 脚或 25 脚的 D 形连接器，简单的只需用 3 条接口线，即发送数据 TXD、接收数据 RXD 和信号地 GND。

RS-232C 只能进行一对一通信，速率和传输距离有限，适合本地设备之间的通信。传输速率有 19200bit/s、9600bit/s 和 4800bit/s 等，最高通信速率为 20kbit/s，最大传输距离为 15m。

2) RS-422A 通信接口。针对 RS-232C 的不足，EIA 于 1977 年推出了串行接口 RS-499，RS-422 是 RS-499 的子集，它定义了 RS-232C 没有的 10 种电路功能，采用 37 脚连接器、全双工的通信方式。RS-422A 采用差动发送、接收的工作方式，使用+5V 电源，在通信速率、通信距离、抗干扰等方面都优于 RS-232C，最大传输速率可达 10Mbit/s，传输距离为 12～

1200m。

3）RS-485 通信接口。RS-485 是 RS-422A 的变形。RS-422A 是全双工通信，有两对平衡差分信号线，至少需要 4 根线用于发送和接收，RS-485 为半双工通信，只有一对平衡差分信号线，不能同时发送和接收，最少时只需要两根线。由于 RS-485 接口能用少的信号连线完成通信任务，并具有良好的抗噪声干扰性、高传输速率（10Mbit/s）、长传输距离（1200m）和多站功能（最多 128 个站）等优点，因此在工业控制中得到了广泛的应用。西门子 S7 系列 PLC 都采用 RS-485 通信接口。

（2）传输介质　目前，普遍使用的传输介质有同轴电缆、双绞线和光缆，其他介质如无线电、红外线和微波等在 PLC 控制网络中应用很少。其中，双绞线（带屏蔽层）成本低、安装简单；光缆尺寸小、重量轻、传输距离远，但成本高，安装维修需要专用仪器。

## 四、现场总线控制网络

1. 网络拓扑结构与网络控制方式

（1）网络拓扑结构　网络拓扑结构是指用传输介质将各种设备互连的物理布局。将局域网（LAN）中的各种设备互连的方法很多，目前大多数 LAN 使用的拓扑结构有星形、环形和总线型 3 种，如图 1-11 所示。

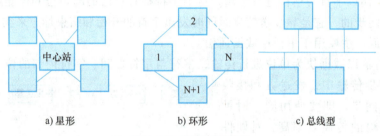

a) 星形　　　　　　　b) 环形　　　　　　　c) 总线型

图 1-11　网络拓扑结构

1）星形网络拓扑结构的连接特点是用户之间的通信必须经过中心站，这样的结构要求中心系统必须具有极高的可靠性，经常采用双机热备份以提高系统的可靠性。

2）环形网络拓扑结构在 LAN 中使用较多，其特点是每个端用户都与两个相邻的端用户相连，所有用户连成环形，这种点到点的连接方式使系统以单向方式操作，消除了端用户对中心系统的依赖；其缺点是某个节点一旦失效，整个系统就会瘫痪。

3）总线型网络拓扑结构在 LAN 中应用最普遍，其连接特点是端用户的物理媒体由所有设备共享，各节点地位平等，无中心节点控制，连接布线简单，扩充容易，成本低，某个节点失效也不会影响其他节点的通信。但是在应用中需要确保端用户发送数据时不会出现冲突。

（2）网络控制方式　网络控制方式是指通信网络中使信息从发送装置迅速而准确地传到接收装置的管理机制。

1）令牌传送方式。对介质访问的控制权以令牌为标志，只有得到令牌的节点才有权控制和使用网络，常用于总线型网络和环形网络。令牌传送实际上是一种按预先的安排让网络中各节点依次轮流占用通信线路的方法，传送的次序由用户根据需要预先确定，而不是按节点在网络中的物理次序传送，如图 1-12 所示。

2）争用方式。网络中的各节点自由发送信息，但两个以上的节点同时发送会有冲突，需要加以约束，常采用 CSMA/CD（带冲突检测的载波监听多路访问）方式，它是一种分布式介质访问控制协议，网络中的各个节点都能独立地决定数据的发送与接收，常用于总线型网络。

图 1-12 令牌传送示意图

3）主从方式。网络中的主站周期性地轮询各从站节点是否需要通信，被轮询的节点允许与其他节点通信，多用于信息量少的简单系统，适用于星形网络拓扑结构或具有主站的总线型网络拓扑结构。

(3) 信息交换方式　局域网上的信息交换方式有线路交换和报文交换两种。

1）线路交换方式。线路交换通过网络中的节点在两个站之间建立一条专用的通信线路。从通信资源角度来看，就是按照某种方式动态地分配传输线路的资源。具体过程为：线路建立→数据传输→线路释放，如图 1-13 所示。

线路交换数据的优点是数据传输迅速可靠，并能保持原有的序列；其缺点是一旦通信双方占用通道，即使不传输数据，其他用户也不能使用，因此造成资源浪费。这种方式适用于时间要求较高且连续批量地传输数据的场合。

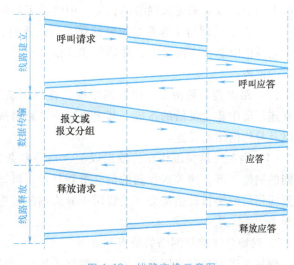

图 1-13 线路交换示意图

2）报文交换方式。报文交换方式的传输对象是报文，长度不限且可变，报文中包括要发送的正文信息、收发站的地址及其他控制信息。数据传送过程采用存储/转发的方式，不需要在两个站之间建立一条专用通路，如图 1-14 所示。

报文交换的优点是效率高，通道可以复用且需要时才分配通道，可以方便地把报文发送到多个目的节点；可以建立报文优先权，让优先级高的报文先传送。其缺点是延时长，不能满足实时交互式的通信要求；有时节点收到的报文太多，以至于不得不丢弃或阻止某些报文，对中继节点的存储容量要求较高。

图 1-14 报文交换示意图

(4) 差错控制　差错控制是指在数据通信过程中发现或纠正差错，并把差错限制在尽可能小的允许范围内。检错码能自动发现差错；纠错码不仅能发现差错，而且能自动纠正差错。检错和纠错的能力是用冗余的信息量和降低系统效率为代价的。

1）常用的简单编码。

① 奇偶校验码：通过增加冗余位使码字中"1"的个数为奇数或偶数的编码方法，是一种检错码。

② 二维奇偶监督码：又称为方阵码，对水平（行）方向上的码元和竖直（列）方向上的码元实施奇偶监督，可以检错也可以纠正一些错误。

③ 恒比码：码字中"1"的数目与"0"的数目保持恒定比例。在检测时只计算接收的码元中"1"的个数是否与规定的相同就可判断有无错误。

2）线性分组码——汉明码。汉明码又称为海明码，是一种可以纠正一位错码的高效率线性分码组。它是一种纠错码，能将无效码字恢复成距离它最近的有效码字。

2. 网络互连设备

（1）中继器　中继器负责在两个节点的物理层按位传递信息，完成信号的复制、调整和放大功能，以此来延长网络的长度。中继器不对信号进行校验处理。

（2）网桥　网桥工作在数据链路层，对帧进行存储转发，可以有效地连接两个局域网，使本地通信限制在本网段内，并转发相应信号至另一网段。它通常用于连接数量不多、同一类型的网段。

（3）路由器　路由器工作在网络层，具有判断网络地址和选择路径等功能，能在多网络互连环境中建立灵活的连接，其主要功能是路由选择，常用于多个局域网、局域网与广域网以及异构网络的互连。

（4）网关　网关工作在传输层以上，是最复杂的网络互连设备，仅用于两个高层协议不同的网络互连，网关对收到的信息重新打包，以适应目的端系统的需求。网关具有从物理层到应用层的协议转换能力，主要用于异构网的互连、局域网与广域网的互连，不存在通用的网关。

3. 现场总线控制网络的节点和任务

现场总线控制网络用于完成各种数据采集和自动控制任务，是一种特殊的、开放的计算机网络，是工业企业综合自动化的基础。从现场总线节点的设备类型、传输信息的种类、网络所执行的任务、网络所处的环境等方面来看，都有别于其他计算机数据网络。

（1）现场总线控制网络的节点　现场总线控制网络的节点分散在生产现场，大多是具有计算与通信能力的智能测控设备。

节点可以是普通的计算机网络中的PC或其他种类的计算机、操作站等设备，也可以是具有嵌入式CPU的设备。现场总线控制网络就是把单个分散的、有通信能力的测控设备作为网络节点，按照网络的拓扑结构连接而成的网络系统。各节点之间可以相互传递信息，共同配合完成系统的控制任务，如图1-15所示。

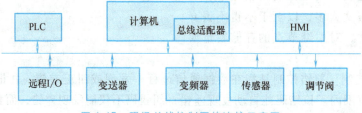

图1-15　现场总线控制网络连接示意图

（2）现场总线控制网络的任务

1）将控制系统中现场运行的各种信息传送到控制室，使现场设备始终处于远程监控中。

2）控制室将各种控制、维护和参数修改等命令送往位于生产现场的测控设备中，使生产现场的设备处于可控状态。

3）与操作端、上层管理网络实现数据传输与信息共享。

【素质教育】

### 自动化控制之父——钱学森

钱学森是工程控制论的创始人，他将维纳的纯粹理论应用于工程实践，创立了工程控制论与系统科学，首次把控制理论成功应用于我国的航空航天领域，并用英文出版了《工程控制论》，这本著作对现代科技的发展具有极其深远的意义。中华人民共和国成立后，钱学森自愿放弃美国的优厚条件，毅然回国支援新中国的建设，尽管美国政府千方百计阻挠他回国并施以各种威胁和诱惑，可是依然没有阻挡住他回国的决心。他一生的经历和成就在我国的国家史、民族史和全球人类的世界史上都留下了耀眼的光芒。作为我国航天事业的先行人，他不仅是知识的宝藏、科学的旗帜，而且是民族的脊梁、全球华人的典范，他向世界展示了华人的风采。

【项目报告】

| 班级 | | 姓名 | | 学号 | |
|---|---|---|---|---|---|
| 指导教师 | | 时间 | | 年 月 日 | |
| 课程名称 | 工业网络与组态技术 ||||| 
| 项目一 | 走进工业现场控制网络技术 |||||
| 学习目标 | 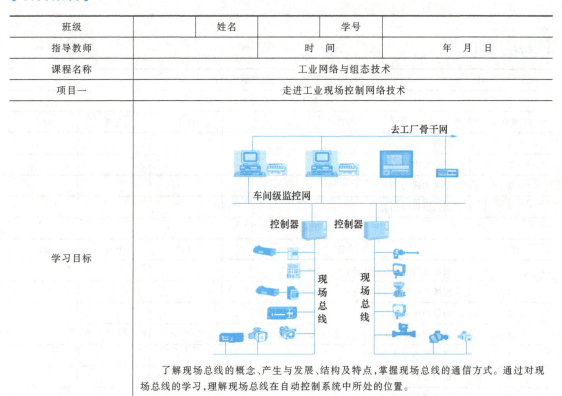<br>了解现场总线的概念、产生与发展、结构及特点，掌握现场总线的通信方式。通过对现场总线的学习，理解现场总线在自动控制系统中所处的位置。 |||||

（续）

| 任务一 | 认识现场总线技术 |
|---|---|
| 回答问题 | 1. 简述现场总线的发展历程。<br><br>2. 简述现场总线的定义。<br><br>3. 简述现场总线对控制系统产生的影响。<br><br>4. 简述现场总线的特点。 |
| 任务二 | 现场总线的通信基础认知 |
| 回答问题 | 1. 如何理解数据、信息、信号和信道？<br><br>2. 简述数据传输率的定义，如何理解比特率和波特率及二者之间的关系？<br><br>3. 通信的传输方式有哪些？<br><br>4. 网络控制方式有哪些？ |

【项目评价】

项目一　走进工业现场控制网络技术

基本素养(30分)

| 序号 | 内容 | 自评 | 互评 | 师评 |
|---|---|---|---|---|
| 1 | 纪律(10分) | | | |
| 2 | 安全操作(10分) | | | |
| 3 | 交流沟通(5分) | | | |
| 4 | 团队协作(5分) | | | |

基础知识(70分)

| 序号 | 内容 | 自评 | 互评 | 师评 |
|---|---|---|---|---|
| 1 | 现场总线的概念(10分) | | | |
| 2 | 现场总线的特点(10分) | | | |
| 3 | 通信的三要素(10分) | | | |
| 4 | 数据传输率(10分) | | | |
| 5 | 通信传输方式(10分) | | | |
| 6 | 通信接口(10分) | | | |
| 7 | 网络控制方式(10分) | | | |

# 项目二 PROFIBUS现场总线技术应用

CHAPTER 2

**知识目标**
- 了解 PROFIBUS 现场总线的分类、总线存取过程
- 掌握 PROFIBUS 现场总线的通信协议、传输技术
- 掌握 PROFIBUS-DP 通信系统的构建方法

**能力目标**
- 能够根据要求，完成 PROFIBUS-DP 通信系统方案的配置
- 能够完成 PROFIBUS-DP 通信系统的构建

**素养目标**
- 激发爱国热情，树立为国担当的信念
- 培养吃苦耐劳、精益求精的优秀品质

【问题引入】

在工业自动化中为什么要使用 PROFIBUS 现场总线？大家想象一下，在工业生产现场中有许多分散式设备，包括传感器、执行器、驱动器、阀门等，这些设备距离控制器大约几十米，如果采用传统的通信控制方式，每一个现场设备的信号都要通过单独的电缆连接到 PLC 主站，这样将会使用大量的电缆，增加安装系统的成本。如果采用 PROFIBUS 现场总线通信，就不需要连接现场中的每一个传感器、执行器或者其他设备，而是在这些设备旁边安装信号采集模块，使用单个电缆将数据传输到 PLC 主站，这样可以大大降低布线成本，最重要的是现场总线采用的是数字通信，增强了抗电气干扰能力。为了增强通信系统的稳定性，西门子 PLC 还可以实现通信冗余，也就是使用两根总线，其中一根出现故障，可以马上切换到另一根总线。

## 【学习导航】

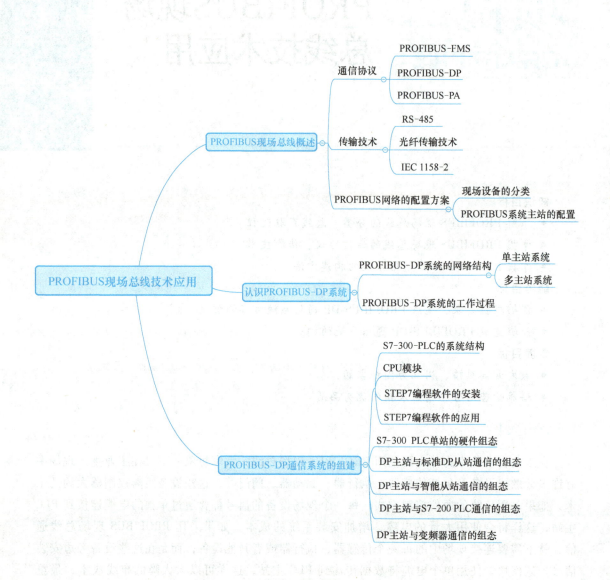

# 任务一　PROFIBUS 现场总线概述

## 【任务描述】

工业控制网络的主流是工业以太网和基于 RS-485 的现场总线。IEC 61158 国际标准规定了 10 种类型的现场总线，包括西门子倡导的 PROFIBUS 现场总线通信协议。本任务将介绍 PROFIBUS 现场总线的组成、通信协议、传输技术和 PROFIBUS 网络的配置方案。

【任务学习】

## 一、初识 PROFIBUS 现场总线技术

西门子通信网络的中间层为工业现场总线 PROFIBUS，它是用于车间级和现场级的国际标准，传输速率最高可达 12Mbit/s，响应时间的典型值为 1ms，使用带屏蔽层的双绞线电缆的最长通信距离为 9.6km，使用光缆的最长通信距离为 90km，最多可以连接 127 个从站。

PROFIBUS 系统由主站和从站组成，主站能够控制总线、决定总线的数据通信。当主站得到总线控制权时，没有外界请求也可以主动发送信息。从站没有控制总线的权力，但可以对接收到的信息给予确认，或者当主站发出请求时回应主站信息，如图 2-1 所示。

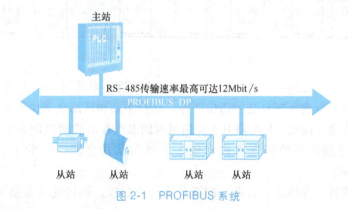

图 2-1 PROFIBUS 系统

PROFIBUS 主要有以下几个优点：

1) 节省硬件和安装费用。减少硬件成分（I/O、终端块、隔离栅），可以更容易、更快捷和低成本地安装 PROFIBUS。

2) 节省工程费用。更容易组态（对所有设备只需一套工具），更容易保养和维修，系统启动更容易、更快捷。

3) 具有更大的制造灵活性。可改进功能，减少故障时间，具有准确、可靠的诊断数据；数字传输技术可靠。

PROFIBUS 由 3 个兼容部分组成，即 PROFIBUS-DP、PROFIBUS-PA 和 PROFIBUS-FMS，可以满足工业现场的多种要求，PROFIBUS 的应用范围如图 2-2 所示。

PROFIBUS-FMS（现场总线报文规范）已基本上被以太网取代，现在很少使用。

PROFIBUS-DP（分布式外部设备）特别适合于 PLC 与现场级分布式 I/O 设备之间的通信。主站之间的通信为令牌方式，主站与从站之间为主从方式。PROFIBUS-DP 是 PROFI-BUS 中应用最广泛的通信方式。

PROFIBUS-PA（过程自动化）可以用于防爆区域的传感器、执行器与中央控制系统的通信。PROFIBUS-PA 使用带屏蔽层的双绞线电缆，由总线提供电源。

## 二、PROFIBUS 现场总线的通信协议

PROFIBUS-DP、PROFIBUS-FMS 和 PROFIBUS-PA 均使用一致的总线通信协议，介质存取控制必须确保在任何时刻只能由一个站点发送数据，PROFIBUS 协议的设计要满足介质控

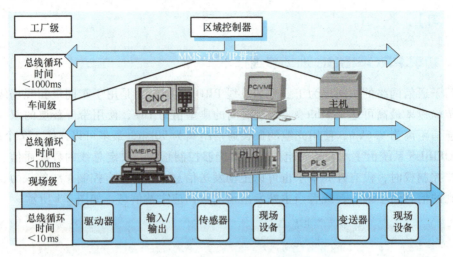

图 2-2 PROFIBUS 的应用范围

制的两个基本要求：一是同一级 PLC 或主站之间的通信必须使每一个主站在确定的时间范围内能获得足够的机会来处理自己的通信任务；二是主站和从站之间应尽可能快速而准确地完成数据的实时传输。因此，PROFIBUS 使用混合的总线存取控制机制来实现上述目标，包括用于主站之间通信的令牌传送方式和用于主站与从站之间通信的主从方式。

在一个主站获得了令牌之后，可以拥有总线的控制权，而且此时在整个总线上必须是唯一的，在一个总线系统内，最大可以使用的站地址范围是 0~126，也就是说一个总线系统最多可以有 127 个节点。这种总线控制存取控制方式可以有 3 种系统配置，即主-主系统（令牌传送方式）、纯主-从通信系统（主从方式）以及两种方式的组合。

PROFIBUS 的总线控制方式

PROFIBUS 的总线存取控制方式符合欧洲 EN 50170 V.2 规定的令牌总线程序和主-从程序，与所使用的传输介质无关。

### 三、PROFIBUS 现场总线的传输技术

PROFIBUS 提供了 3 种传输技术类型，用于 DP 型、FMS 型的 RS-485、光纤传输技术以及用于 PA 型的 IEC 1158-2 的传输技术。

**1. 用于 DP 型和 FMS 型的 RS-485**

（1）RS-485 传输技术的特点　RS-485 是一种简单的、低成本的传输技术，其传输过程是建立在半双工、异步、无间隙同步化的基础上的，数据的发送采用 NRZ（不归零编码），这种传输技术通常称为 H2。传输网络连接情况如图 2-3 所示，具有以下特点：

1）所有设备都连接在总线结构中，每个总线段的开头和结尾均有一个终端电阻，为确保操作运行不发生错误，两个总线的终端电阻必须有电源。

2）传输介质为双绞屏蔽电缆，也可取消屏蔽层，这取决于电磁兼容性的条件。

3）每个总线段最多可以连接 32 个站。如果超过 32 个或需要扩大网络区域，可以使用中继器来连接各个总线段。使用中继器最多可用到 127 个站，串联中继器一般不超过 3 个。

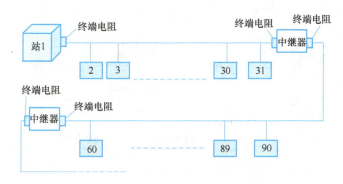

图 2-3 使用中继器连接各总线段

4) RS-485 采用 9 脚 D 形插头。D 形连接器包括插头和插座,插座在总线站一侧,插头与 RS-485 相连。9 脚 D 形插头中各引脚定义见表 2-1,其外形如图 2-4 所示。

表 2-1 9 脚 D 形插头的引脚定义

| 引脚号 | 信号名称 | 设计含义 |
| --- | --- | --- |
| 1 | SHIELD | 屏蔽或功能地 24V |
| 2 | M24 | 输出电压的地(辅助电源) |
| 3 | RXD/TXD-P | 接收/发送数据-正,B 线 |
| 4 | CNTR-P | 方向控制信号 P |
| 5 | DGND | 数据基准电位(地) |
| 6 | VP | 供电电压-正 |
| 7 | P24 | +24V 输出电压(辅助电源) |
| 8 | RXD/TXD-N | 接收/发送数据-负,A 线 |
| 9 | CMTR-N | 方向控制信号 N |

5) 可以在 9.6kbit/s~12Mbit/s 之间选择各种传输速率。

6) 总线的最大传输距离取决于传输速率,其范围为 100~1000m。传输距离和传输速率的对应关系见表 2-2,若有中继器,则传输距离可延长到 10km。

(2) RS-485 传输设备的安装 PROFIBUS 的 RS-485 总线电缆由一对双绞线组成,这两根数据线称为 A 线和 B 线。B 线对应于数据发送/接收的正端,即

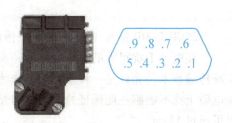

图 2-4 9 脚 D 形插头外形示意图

RXD/TXD-P(+)脚,A 线则对应于数据发送/接收的负端,即 RXD/TXD-N(-)脚,在每一个典型的 PROFIBUS 的 D 形插头内部都有 1 个备用的终端电阻和 2 个偏置电阻,其内部电阻及其总线电缆连接如图 2-5 所示,由 D 形插头外部的一个微型拨码开关来控制是否接入。

表 2-2 传输距离和传输速率的对应关系

| 传输速率/(kbit/s) | 9.6 | 19.2 | 93.75 | 187.5 | 500 | 1500 | 12000 |
| --- | --- | --- | --- | --- | --- | --- | --- |
| 传输距离/m | 1200 | 1200 | 1200 | 1000 | 400 | 200 | 100 |

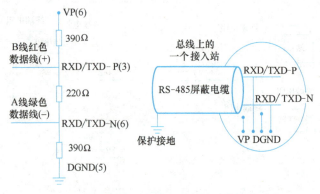

图 2-5　D 形插头的内部电阻及其总线电缆连接

由于总线上接入的所有设备在非通信状态下均处于高阻状态,此高阻状态可能导致总线处于不确定的电平状态而损坏电流驱动部件。为避免此情况,一般应在电路中对称使用 2 个 390Ω 的总线偏置电阻,分别把 A、B 线通过这两个总线偏置电阻连接到 VP(第 6 脚)和 DGND(第 5 脚)上,使总线的稳态(静止)电平保持在一个稳定值。RS-485 的总线结构如图 2-6 所示。

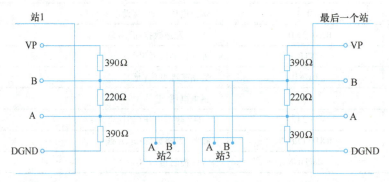

图 2-6　RS-485 的总线结构

**2. 用于 DP 型和 FMS 型的光纤传输技术**

在电磁干扰很大的环境或传输距离很远的网络中,为了防止干扰和信号衰减,可选用光纤传输技术。光纤是一种采用玻璃作为传输介质,以光的形式传递信息的技术。光纤电缆对电磁干扰不敏感并能保证总线上站与站的电气隔离,允许 PROFIBUS 系统站之间的距离最长可超过 15km。

PROFIBUS 总线访问协议(第二层)对 3 种 PROFIBUS 版本(FMS/DP/PA)均相同,通信透明,FMS/DP/PA 网络区域容易组合。由于 FMS/DP 使用相同的物理介质,因此它们能组合在同一根电缆上。许多厂商提供了专用总线插头,可将 RS-485 信号转换成光纤信号,或将光纤信号转换成 RS-485 信号,这样在同一系统中可同时使用 RS-485 传输技术和光纤传输技术,提高了系统的抗干扰性和稳定性。

**3. 用于 PA 型的 IEC 1158-2 传输技术**

IEC 1158-2 传输技术能满足化工、石化等应用环境的要求,可保证本质安全,并通过总线向现场设备供电。这是一种位同步协议,可进行无电流的连续传输,通常称为 H1。

PA 总线电缆的终端各有一个无源的 RC 线路终端器,如图 2-7 所示。一个 PA 总线最多

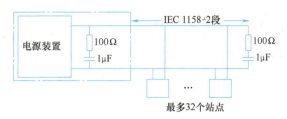

图 2-7  PA 总线的结构

可连接 32 个站点，总线的最大长度取决于电源、传输介质的类型和总线站点的电流消耗。

### 四、PROFIBUS 网络的配置方案

**1. 现场设备的分类**

（1）根据现场设备是否具有 PROFIBUS 接口分类

1）现场设备不具备 PROFIBUS 接口，采用分布式 I/O 作为总线接口与现场设备连接。如果现场设备可以分为相对集中的若干组，这种模式能更好地发挥现场总线技术的优点。

2）所有设备都有 PROFIBUS 接口，这是一种理想状况，可以使现场设备直接通过 PROFIBUS 接口接入总线系统，形成总线网络系统，但这种方案的设备和系统成本很高。

3）部分设备有 PROFIBUS 接口。这是目前现场总线系统中最普遍存在的形式，系统可以采用具有 PROFIBUS 接口的现场设备与分布式 I/O 混合使用的方法。

（2）根据现场设备在控制系统中的作用不同分类（图 2-8）

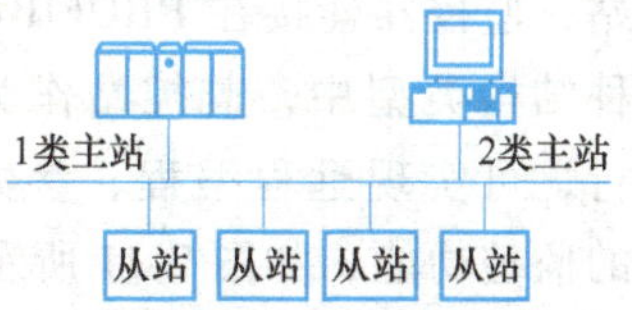

1）1 类主站（DPM1）。这类设备是中央控制器，有能力控制若干从站，完成总线的通信控制、管理及周期性数据访问。无论 PROFIBUS 采用何种结构，1 类主站都是系统必需的。比较典型的 DPM1 有 PLC、PC 等。

图 2-8  一个简单的 PROFIBUS 系统

2）2 类主站（DPM2）。其主要作用是管理 1 类主站的组态数据和诊断数据的设备，同时具有 1 类主站通信的能力，用于完成各站点的数据读写、系统组态、监控和故障诊断等，常用的 DPM2 设备有编程器、操作员工作站和触摸屏等。

3）从站。从站是对数据和控制信号进行输入/输出的现场设备，提供 I/O 数据并分配给 1 类主站，从站在主站的控制下完成组态、参数修改及数据交换等。从站由主站统一编址，接收主站指令，按主站的指令驱动 I/O，并将 I/O 输入及故障信息反馈给主站。从站可以是 PLC 一类的控制器，也可以是不具有程序存储和程序执行功能的分散式 I/O 设备，还可以是一些有智能接口的现场仪表、变频器等。

**2. PROFIBUS 系统主站的配置**

根据实际需要，PROFIBUS 系统的主站有以下几种配置形式：

1）用 PLC 或其他控制器作为 1 类主站，不设监控站。这种结构类型中，在调试阶段需要一台编程设备，PLC 或其他控制器完成总线的通信管理、从站的数据读写以及从站的远程参数化工作，如图 2-9 所示。

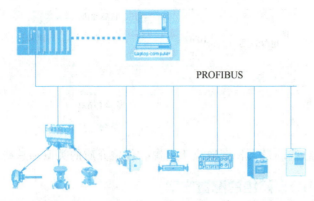

图2-9　PLC作为1类主站不设监控站的配置形式

2）用PLC或其他控制器作为1类主站，监控器通过串口与PLC相连。这种结构类型中，监控站不是2类主站，不能直接读取从站的数据、完成远程参数化的工作。监控站所需的数据只能从PLC读取，如图2-10所示。

3）用PLC或其他控制器作为1类主站，监控器连接在PROFIBUS总线上。这种结构类型中，监控站作为2类主站运行，可实现远程编程、参数设置及在线的监控功能，如图2-11所示。

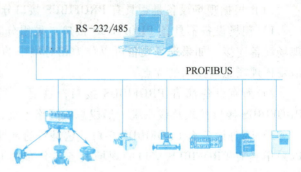

图2-10　PLC作为1类主站的监控器与PLC相连的配置形式

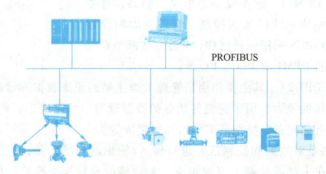

图2-11　PLC作为1类主站，监控器作为2类主站

4）用工业级PC+PROFIBUS网卡作为1类主站。这种结构类型中，PC既是主站又是监控站，是成本最低的配置方案。但是一旦PC发生故障，将会导致整个系统瘫痪，所以要求PC可靠性高，能长时间连续运行，最好是工业级PC，如图2-12所示。

5）用工业级PC+PROFIBUS网卡+Soft PLC作为1类主站。Soft PLC是一种软件产品，可以将通用型PLC改造成一台由软件实现的PLC，将PLC的编程功能、应用程序运行功能和操作监控站的图形监控功能都集成到一台PC上，形成集PLC与监控站于一体的控制工作站，如图2-13所示。

PROFIBUS现场总线技术应用  项目二

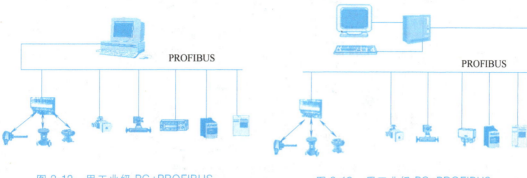

图 2-12　用工业级 PC+PROFIBUS 网卡作为 1 类主站

图 2-13　用工业级 PC+PROFIBUS 网卡+Soft PLC 作为 1 类主站

# 任务二　认识 PROFIBUS-DP 系统

【任务描述】

　　PROFIBUS-DP 可以构成单主站或多主站系统，系统配置包括网络结构配置和参数配置，主要内容有站点数目、地址和输入/输出数据的格式、诊断信息格式等。因此，了解 PROFIBUS-DP 系统的网络结构和理解 PROFIBUS-DP 系统的工作过程对于完成 PROFIBUS-DP 总线控制系统的组建起着重要作用。

【任务学习】

## 一、PROFIBUS-DP 系统的网络结构

　　PROFIBUS-DP 允许构成单主站或多主站系统，在同一总线上最多可以连接 127 个站点（站号为 0~126，不包括中继器）。系统配置的描述包括站数、站地址、输入/输出地址、输入/输出数据格式、诊断信息格式及所使用的总线参数。PROFIBUS-DP 单主站系统中，在总线系统运行阶段，只有一个活动主站。如图 2-14 所示，在 PROFIBUS-DP 单主站系统中，PLC 作为主站。

　　在 PROFIBUS-DP 多主站系统中，总线上连接有多个主站。总线上的主站与各自的从站构成相互独立的子系统。如图 2-15 所示，任何一个主站均可读取 DP 从站的输入/输出映像，但只有一个 DP 主站允许对 DP 从站写入数据。

图 2-14　PROFIBUS-DP 单主站系统

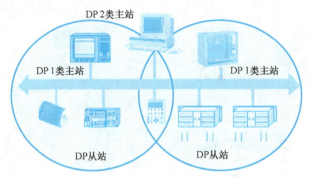

图 2-15 PROFIBUS-DP 多主站系统

## 二、PROFIBUS-DP 系统的工作过程

PROFIBUS-DP 系统从通电到进行数据交换的正常工作状态，共分为 4 个阶段。

（1）主站和从站的初始化　系统上电后，主站和从站进入 Offline 状态并进行自检。主站需要加载总线参数集，从站需要加载相应的诊断数据等信息。

（2）令牌环的建立　初始化完成以后，主站开始监听总线令牌。主站准备好后进入总线令牌环，即处于听令牌状态。在一定时间内主站如果没有听到总线上有信号传递，就开始自己生成令牌并初始化令牌环；然后，该主站对全体可能的主站地址做一次状态询问，根据收到的应答结果确定主站列表（LAS）和本站所管辖站的地址范围（GAP）。GAP 是指从本站地址（TS）到令牌环中的后继地址（NS）之间的地址范围，LAS 的形成标志着逻辑令牌环初始化完成。

（3）主站与从站通信的初始化　主站与 DP 从站交换用户数据之前，必须设置从站的参数并配置从站的通信接口。主从站通信初始化的流程图如图 2-16 所示。在主从站通信初始化过程中，实际上交换了参数数据、通信接口配置数据以及诊断数据，数据交换过程如图 2-17 所示。

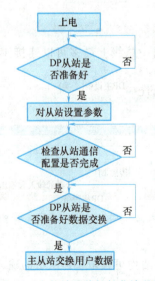

图 2-16　主从站通信初始化流程图

图 2-17　数据交换过程

1）参数数据。参数数据包括预先给从站的一些本地、全局参数以及一些特征和功能。参数报文的长度不能超过 244B，重要的参数包括状态参数、看门狗定时器参数、从站制造商的标识符、从站分组及用户定义的从站参数等。

2）通信接口配置数据。DP 从站使用标识符来描述输入/输出数据，标识符规定了用户数据交换时输入/输出字节或字的长度以及数据的一致刷新要求，在检查通信接口配置时，DP 主站发送标识符给从站，以检查从站中实际存在的输入/输出区域是否与标识符所设定的一致，如果检查通过，则进入主从用户数据交换阶段。

3）诊断数据。在启动阶段，DP 主站使用诊断请求报文来检查是否存在 DP 从站和从站是否准备接收报文。从站提交的诊断数据包括符合 EN 50170 标准的诊断及该从站专用的外部诊断信息。DP 从站发送诊断信息告知主站它的运行状态、出错时间以及出错原因等。

（4）交换用户数据通信　在交换用户数据期间，DP 从站只响应对其设置参数且通信接口配置检查正确的主站发来的用户数据，主从站可双向交换最多 244B 的用户数据。在此阶段，如果从站出现故障或其他诊断信息，将中断正常的用户数据交换；DP 从站将应答时的报文服务级别从低优先级改变为高优先级，以告知主站当前有诊断报文中断或其他状态信息；然后 DP 主站发了诊断请求，请求从站的实际诊断报文或状态信息。处理后，DP 从站和主站返回到交换用户数据状态。

# 任务三　PROFIBUS-DP 通信系统的组建

## 【任务描述】

在 PROFIBUS 现场总线中，PROFIBUS-DP 的应用最广。DP 协议主要用于 PLC 与分布式 I/O 和现场设备的高速数据通信。本任务将介绍如何组建 PROFIBUS-DP 通信系统，实现 DP 主站与标准从站、智能从站等现场设备的通信。

## 【任务学习】

这里简要介绍 S7-300 系列 PLC。

### 一、S7-300 PLC 的系统结构

S7-300 是模块化的中小型 PLC，适用于中等性能的控制要求，品种繁多的 CPU 模块、信号模块和功能模块可以满足各种领域的自动控制任务，用户可以根据系统的具体情况选择合适的模块，维修时更换模块也很方便。S7-300 PLC 有 350 多条指令，包括位逻辑指令、比较指令、定时指令、整数和浮点指令、计数指令、整数和浮点数运算指令等。CPU 的集成系统提供了中断处理和诊断信息等系统功能。

S7-300 PLC 的硬件组成

S7-300 PLC 采用紧凑的模块结构，各种模块都安装在铝制导轨上，如图 2-18 所示。

S7-300 PLC 系统由多种模块部件组成，各模块安装在 DIN 标准导轨上，并用螺钉固定。

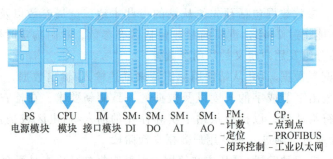

图 2-18　S7-300 PLC 各模块的安装

这种结构很可靠，能满足电磁兼容的要求。背板总线集成各个模块，通过总线连接器插在模块的背后，使背板总线连成一体。在一个机架上除了电源模块、CPU 模块和接口模块外，最多可安排 8 个模块，包括信号模块、功能模块和通信模块。如果需要使用的模块超过 8 个，就需要增加扩展机架。除了中央机架，S7-300 PLC 最多可增加 3 个扩展机架，每个扩展机架可插入除了电源模块和接口模块外的 8 个模块，4 个机架最多可安装 32 个模块。

机架的最左边是 1 号槽，最右边是 11 号槽，电源模块总是在 1 号槽的位置，中央机架（0 号机架）的 2 号槽上是 CPU 模块，3 号槽被接口模块固定占用，即使没有接口模块，3 号槽也不允许被占用，信号模块、功能模块及通信模块依次使用 4~11 号槽。S7-300 PLC 控制系统可以用外部开关电源代替电源模块，接口模块仅在扩展机架时使用。

## 二、CPU 模块

S7-300 PLC 有多种不同类型的 CPU，分别适用于不同等级的控制要求。CPU31×C 集成了数字量 I/O，有的 CPU 同时集成了数字量 I/O 和模拟量 I/O。

CPU 内的元件封装在一个固定而紧凑的塑料机壳内，面板上有模式选择开关、状态和错误指示灯以及通信接口，如图 2-19 所示。

（1）模式选择开关

1）MRES：存储器复位模式。该位置不能保持，当开关在此位置释放时将自动返回到 STOP 位置。将开关从 STOP 模式切换到 MRES 模式时，可复位存储器，使 CPU 回到初始状态。

2）STOP：停机模式。在此模式下，CPU 不执行用户程序，但可以通过编程设备（如装有 STEP 7 的编程设备、装有 STEP7 的计算机等）从 CPU 中读出或修改用户程序。

3）RUN：运行模式。在此模式下，CPU 执行用户程序，还可以通过编程设备读出、监控用户程序，但不能修改用户程序。

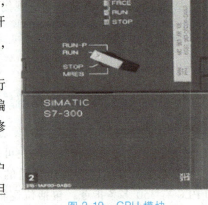

图 2-19　CPU 模块

4）RUN-P：编程运行模式。在此模式下，CPU 不仅可以执行用户程序，在运行的同时，还可以通过编程设备（如装有 STEP7 的编程设备、装有 STEP7 的计算机等）读出、修改及监控用户程序。

(2) 指示灯

1) SF（红色）：系统出错/故障指示灯。CPU 硬件或软件错误时亮。

2) BATF（红色）：电池故障指示灯（只有 CPU 313 和 314 配备）。当电池失效或未装入时，指示灯亮。

3) DC5V（绿色）：+5V 电源指示灯。CPU 和 S7-300 PLC 总线的 5V 电源正常时亮。

4) FRCE（黄色）：强制作业有效指示灯。至少有一个 I/O 被强制状态时亮。

5) RUN（绿色）：运行状态指示灯。CPU 处于"RUN"状态时亮，在"Startup"状态时以 2Hz 的频率闪烁，在"HOLD"状态以 0.5Hz 的频率闪烁。

6) STOP（黄色）：停止状态指示灯。CPU 处于"STOP"或"HOLD"或"Startup"状态时亮；在存储器复位时，LED 以 0.5Hz 的频率闪烁；在存储器置位时，LED 以 2Hz 的频率闪烁。

7) BUS DF（BF）（红色）：总线出错指示灯（只适用于带有 DP 接口的 CPU），出错时亮。

8) SF DP（红色）：DP 接口错误指示灯（只适用于带有 DP 接口的 CPU），DP 接口故障时亮。

(3) 通信接口

打开 CPU 模块下方的端盖，可以看见通信接口。所有的 CPU 模块都有一个多点接口（MPI），有的 CPU 模块有一个 MPI 和一个 PROFIBUS-DP，有的 CPU 模块有一个 MPI/DP 接口和一个 DP 接口。MPI 用于 PLC 与其他西门子 PLC、PG/PC（编程设备/个人计算机）、OP（操作员接口）通过 MPI 进行网络通信。PROFIBUS-DP 用于与其他带 DP 接口的西门子 PLC、PG/PC、OP 和其他 DP 主站和从站进行通信。

### 三、STEP7 编程软件的安装

S7-300 系列 PLC 的编程软件是 STEP7，它采用文件块的形式管理用户编写的程序及程序运行所需的数据，组成结构化的用户程序。这样的结构可以使程序组织明确、结构清晰、易于修改。

(1) STEP7 编程软件功能  STEP7 编程软件用于 SIMATIC S7、C7、M7 和基于 PC 的 WINAC，为它们提供组态、编程和监控等服务，可以实现以下功能：

1) 组态硬件，即为机架中的模块分配地址和设置模块的参数。

2) 程序编辑器，使用编程语言编写用户程序。

3) 符号编辑器，用于管理全局变量。

4) 组态通信连接、定义通信伙伴和连接特性。

5) 下载和上传调试用户程序等。

(2) STEP7 安装步骤

1) 运行 STEP7 V5.5 安装目录下的 SETUP.EXE。

2) 选择需要安装的项目，建议全部安装。

3) 按提示逐步安装所有项目。

4) 进行通信接口设置。

5) 安装完成后需重新启动计算机。

（3）STEP7 的授权　软件安装好之后需要完成授权才能正常使用 STEP7 软件。授权时要选择长授权。

## 四、STEP7 编程软件的应用

STEP7 V5.0 是专用于 SIMATIC S7-300/400 PLC 站的组态创建及设计 PLC 控制程序的标准软件。首先必须运行 STEP7 V5.0 软件，在该软件下建立用户自己的文件，然后根据需要再对 SIMATIC S7-300 PLC 站进行组态，并下载到 S7-300 PLC 中，随后可使用 STEP7 V5.0 软件中的梯形逻辑、功能块图或语句表对需要的程序进行编程，还可应用 STEP7 V5.0 对程序进行调试和实时监视。STEP7 的基本编程步骤如图 2-20 所示。

建议先硬件组态，这样 STEP7 在硬件组态编辑器中会显示可能的地址。

（1）创建项目　启动 SIMATIC 管理器并创建一个项目，首先在计算机中必须建立用户自己的文件，选择"File"→"New"命令，在"Name"文本框中输入项目名称，如图 2-21 所示。

图 2-20　STEP7 的基本编程步骤

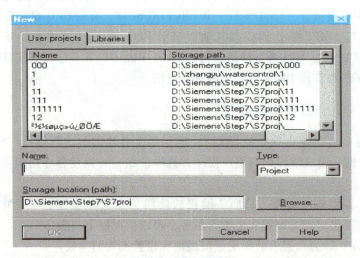

图 2-21　建立新项目

（2）硬件组态　S7-300 PLC 控制系统的硬件组态如图 2-22 所示。

对 S7-300PLC 进行组态，一般设备都需有其组态文件，西门子常用设备的组态文件存放于 STEP7 V5.0 中，其选择路径为：在新建的项目下插入"SIMATIC 300 站点"，双击"硬件"图标进入硬件组态界面（图 2-23），在右侧硬件目录中选择"配置文件"为"标准"，将"SIMATIC 300"下的轨道、电源、CPU 和 I/O 模块组态到硬件中。

插入轨道：选择"RACK-300"→"Rail"命令。

插入电源：选择"（0）UR"中的"1"，然后选择"PS-300"→"PS307 5A"命令。

插入 CPU：选择"（0）UR"中的"2"，然后选择"CPU-300"→"CPU315-2DP"命令。

插入 I/O 模块：选中"（0）UR"中的"4"，选择"SM-300"→"DI-300"→"SM321

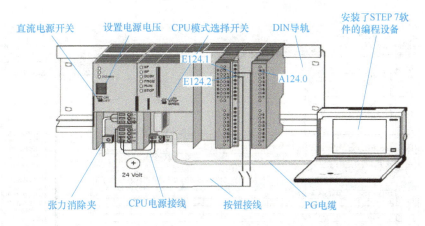

图 2-22 硬件组态

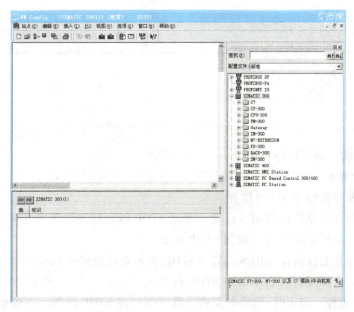

图 2-23 硬件组态界面

DI32×DC24V"命令,插入输入模块(DI)选中"(0)UR"中的"5",选择"SM-300"→"DO-300"→"SM322 DO32×DC24V/0.5A"命令,插入输出模块(DO)。

需要注意的是,"(0)UR"中的"3"是不组态的。组态完成后,单击"保存并编译"按钮,如图 2-24 所示,然后关闭硬件组态窗口。

另外,图 2-24 中的订货号必须与硬件实物订货号相同。实际组态时应视具体情况而定,即有什么硬件就组态什么硬件,没有实物的不要组态。

(3)编程  S7-300 PLC 采用模块化的编程结构,包含通用的组织块(OB)、通用的功能(FC)和功能块(FB),西门子提供的系统功能(SFC)和系统功能块(SFB)、数据块(DB),各个模块之间可以相互调用。OB1 是其中的循环执行组织块,程序一直在 OB1 中循环运行,在 OB1 中可以调用其他的程序块执行。

如图 2-25 所示,在 S7 Program(1)下的 Blocks 中,选定并打开 OB1,用梯形图编程,

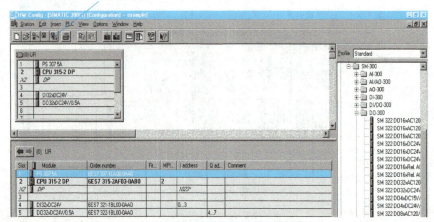

图 2-24 硬件组态保存

图 2-25 SIMATIC Manager 界面

再保存编译和下载,即可执行程序。

(4)程序的清除(存储器复位)

1)模式选择开关放在 STOP 位置。

2)模式选择开关保持在 MRES 位置,直到 STOP 指示灯闪烁两次(慢速)。

3)松开模式选择开关(自动回到 STOP 位置)。

4)模式选择开关保持在 MRES 位置(STOP 指示灯快速闪烁)。

5)松开模式选择开关(自动回到 STOP 位置)。

(5)运行并监控 将 CPU 模块的模式选择开关放在 STOP 位置,下载整个 SIMATIC 300 Station。再将 CPU 模块的模式选择开关放在 RUN 位置,执行"监视"命令,程序运行状态可以在 OB1 上监视到。

【任务实施】

## 一、S7-300 PLC 单站的硬件组态

1. 配置要求

组态的模块包括 PS 电源模块、CPU 模块和一个信号模块。如图 2-26 所示。在组态时,依据模块的型号和订货号进行组态,参数配置见表 2-3。

单站的硬件组态

2. 组态过程

1)新建工程。选择"File"→"New"命令,新建一个工程项目 TEST,如图 2-27 所示,单击"确定"按钮,生成如图 2-28 所示的新工程 TEST。

图 2-26 组态模块

表 2-3 参数配置

| 名称 | 型号 | 订货号 |
| --- | --- | --- |
| 电源模块 | PS307 10A | 307-1KA01-0AA0 |
| CPU 模块 | CPU315-2DP | 315-2AF00-0AB0 |
| 信号模块 | DI16/DO16×DC24V | 323-1BL00-0AA0 |

图 2-27 "新建项目"对话框

图 2-28 新建工程

2)建立 S7-300 PLC 工作站。如图 2-29 所示,右击工程名"TEST",选择"插入新对象"→"SIMATIC 300 站点"命令,生成新的 SIMATIC 300 站点,如图 2-30 所示。

图 2-29 插入新对象

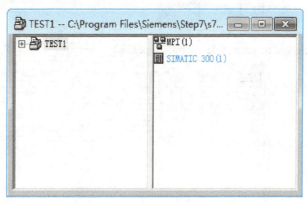

图 2-30 生成新的 SIMATIC 站点

3）进入硬件组态环境。单击"TEST1"左侧的"+"将其展开。双击"硬件"图标，进入硬件组态环境，如图 2-31 所示，即可开始硬件组态。

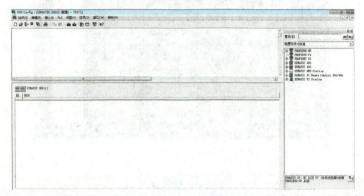

图 2-31 硬件组态环境界面

4）组态机架。选择"SIMATIC 300"→"RACK 300"→"Rail"，如图 2-32 所示。

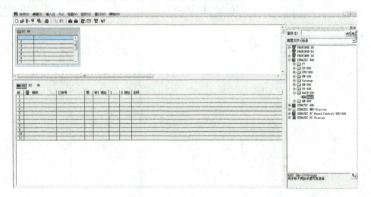

图 2-32 组态机架界面

5）组态电源模块。选择"PS-300"→"PS 307 10A"，将电源配置在机架的 1 号槽中，如图 2-33 所示。

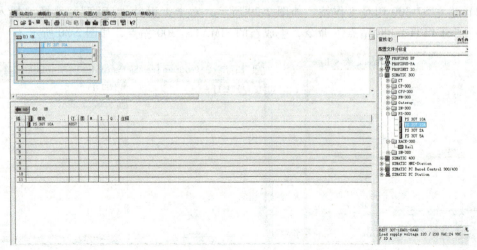

图 2-33 组态电源模块

6）组态CPU模块。选择"CPU-300"→"CPU 315-2 DP",弹出如图2-34所示的对话框。因为是单站的硬件组态,此处选项默认即可,单击"确定"按钮,组态CPU模块,如图2-35所示。

图2-34　DP接口的属性组态界面

图2-35　组态CPU模块

7）组态信号模块。选择"SM-300"→"DI/DO-300"→"SM 323 DI16/DO16×24V/0.5A"并将其放入机架的4号槽中,如图2-36所示。第三个槽只能安装机架接口模块,单击"保存并编译"按钮。

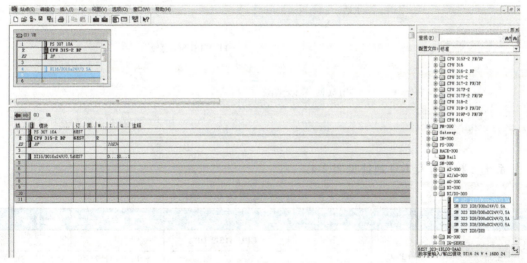

图2-36　组态信号模块

3.组态结果验证

在任务管理器中,打开OB1,编写程序,将OB1和刚才组态好的系统数据块一并下载到PLC中,通过S7-300 PLC自带的仿真器,验证组态结果,如图2-37所示。

单站组态结果的验证

## 二、DP主站与标准DP从站通信的组态

PROFIBUS-DP最大的优点是使用简单方便,在大多数甚至绝大多数实际应用中,只需要对网络通信做简单的组态,不用编写任务通信程序,就可以实现DP网络的通信。在编程时,用户程序对远程I/O的访

DP主站与标准DP从站硬件组态

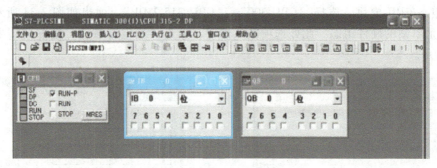

图 2-37　S7-300 PLC 仿真器

问如同访问中央机架的 I/O 一样。

1. 系统配置要求

配置单主站 PROFIBUS-DP 网络系统，即 1 个 S7-300 PLC（CPU 315-2 DP）作为主站和一个可扩展的 I/O 从站（ET200M，IM153-1 接口），其系统结构如图 2-38 所示。系统主站与从站之间通过 PROFIBUS 总线连接，构成单主站的 PROFIBUS-DP 网络系统，系统要求的网络传输速率为 1.5Mbit/s。

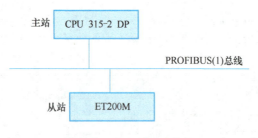

图 2-38　单主站系统结构

系统参数配置及 I/O 地址见表 2-4。

表 2-4　系统参数配置及 I/O 地址

| 站 | 站类型 | 站地址 | 模块类型 | 主站 I/O 地址 | 从站 I/O 地址 |
| --- | --- | --- | --- | --- | --- |
| 主站 | S7-300 PLC | 2 | CPU 315-2 DP | | |
| | | | DI16/DO16×24V/0.5A | I0.0~I1.7<br>Q0.0~Q1.7 | |
| 从站 | ET200M | 3 | IM153-1 | | |
| | | | DI16/DO16×24V/0.5A | | I2.0~I3.7<br>Q2.0~Q3.7 |

2. 组态 DP 主站系统

主站配置过程与 S7-300 PLC 单站的配置过程相同，不同之处在于配置 CPU 时，在弹出的如图 2-39 所示对话框中，单击"新建"按钮，如图 2-40 所示。可默认，也可修改网络名称。单击"网络设置"标签，进行 PROFIBUS-DP 网络设置，如图 2-41 所示，单击"确定"按钮，生成一个 PROFIBUS-DP（1）网络，并将站地址改为 2，如图 2-42 所示。单击"确定"按钮，生成如图 2-43 所示的网络系统。

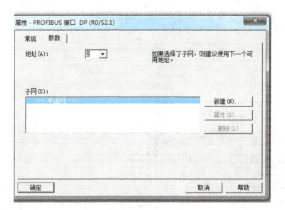

图 2-39　DP 接口的属性组态界面　　　　图 2-40　DP 属性常规设置界面

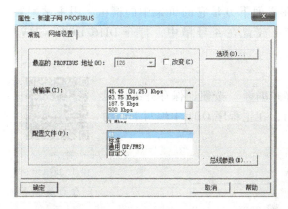

图 2-41　DP 网络的通信速率及协议组态界面　　图 2-42　主站地址设置界面

**3. 组态 DP 从站**

打开硬件目录窗口的文件夹 "PROFIBUS-DP\ET 200M"，将其中的接口模块 IM153-1 拖放到 PROFIBUS（1）网络连接线上，在弹出的对话框中将地址改为 3，如图 2-44 所示。单击 "确定" 按钮，生成图 2-45 所示的网络系统。

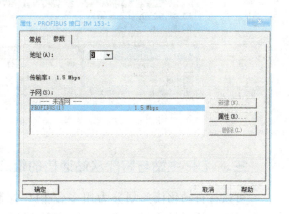

图 2-43　主站的硬件组态界面　　　　图 2-44　从站地址设置界面

— 35 —

图 2-45　从站的硬件组态界面

选中图 2-45 界面上面的 IM153-1 模块，在界面下方是它的机架中的槽位，用主站配置信号模块的方式将模块 DI16/DO16×24V/0.5A 放置在 4 号槽中，打开 DI16/DO16×24V/0.5A 模块属性对话框，并按 I/O 表设置地址。

4. 通信的仿真验证

组态任务完成后，单击工具栏上的"保存并编译"按钮，保存并编译组态信息。为了验证 CPU 与 DP 从站之间的通信，在主程序 OB1 中编写下面的简单程序：

DP 主站与标准
DP 从站组态的
仿真验证

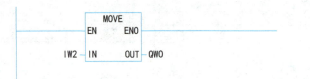

即用 ET200M 的数字量输入来控制它的数字量输出。打开 S7-PLCSIM1，生成 IB2 和 QB0 的视图对象，将系统数据和 OB1 下载到仿真 PLC，将仿真 PLC 切换到 RUN-P 模式，如图 2-46 所示。

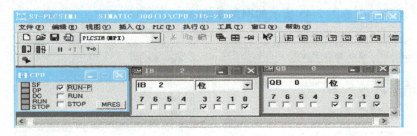

图 2-46　仿真验证

### 三、DP 主站与智能从站通信的组态

可以将自动化任务划分为用多台 PLC 控制的若干个子任务，这些子任务分别用几台 CPU 独立、有效地进行处理，这些 CPU 在 DP 网络中作为 DP 主站和智能从站。

主站和智能从站内部的地址是独立的，它们可能分别使用编号相同的 I/O 地址区。DP 主站不用智能从站的 I/O 地址直接访问它的物理 I/O 区，而是通过从站组态时指定的通信双方用于通信的 I/O 区交换数据。这些 I/O 区不能占用分配给 I/O 模块的物理 I/O 地址区。

主站和从站之间的数据交换是由 PLC 的操作系统周期性自动完成的，不需要用户编程，但是用户必须对主站和智能从站之间的通信连接和用于数据交换的地址区组态。这种通信方式称为主/从（Master/Slave）通信方式，简称为 MS 方式。

1. 系统配置要求

系统为单主站 PROFIBUS-DP 网络系统，系统配置如图 2-47 所示。系统主站与从站之间通过 PROFIBUS 连接，构成单主站形式的 PROFIBUS-DP 网络系统，系统要求的网络传输速率为 1.5Mbit/s。

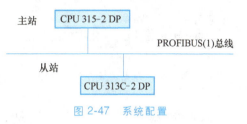

图 2-47 系统配置

数据的交换过程如下：

主站的数据发送区 QB10 ——→ 从站 2 的数据接收区 IB10
主站的数据接收区 IB10 ←—— 从站 2 的数据发送区 QB10

系统参数配置及 I/O 地址见表 2-5。

表 2-5 系统参数配置及 I/O 地址

| 站 | 站类型 | 站地址 | 模块类型 | 主站 I/O 地址 | 从站 I/O 地址 |
|---|---|---|---|---|---|
| 主站 | S7-300 PLC | 2 | CPU 315-2 DP | | |
| | | | DI16/DO16×24V/0.5A | I0.0~I1.7<br>Q0.0~Q1.7 | |
| 从站 | S7-300 PLC | 4 | CPU 313C-2 DP | | |
| | | | DI16/DO16×24V/0.5A | | I0.0~I1.7<br>Q0.0~Q1.7 |
| | | | 数据交换地址 | Q10.0~Q10.7<br>I10.0~I10.7 | I10.0~I10.7<br>Q10.0~Q10.7 |

2. 组态智能从站

如果系统中有一个从站是 S7-300 PLC 智能从站，一般情况下先组建智能从站，这样能更方便地建立系统。

从站的电源等配置方法同前。首先设置从站参数，双击图 2-48 中的"DP"，弹出的对话框，如图 2-49 所示。单击"工作模式"标签，将本站设为 DP 从站。暂时不能进行组态，要等主站的硬件组态完成后在主站网络中一起进行两站之间的通信组态设置。

3. 组态 DP 主站

主站配置过程与从站大致相同，不同之处在于配置 CPU 时，直接选择已经建立的 PROFIBUS（1）网络，站地址改为 2。

4. 主站和智能从站主从通信的组态

在硬件目录中，选择"PROFIBUS-DP"→"Configured Stations"，如图 2-50a 所示，将 CPU 31x 拖放到网络线上。如图 2-50b 所示，选择从站，单击"连接"→"确定"按钮。这样就将从站连接到网络上了，如图 2-51 所示。

DP 主站与智能从站主从通信组态

图 2-48 从站的硬件组态界面

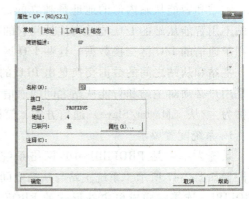

图 2-49 DP 网络工作模式的组态

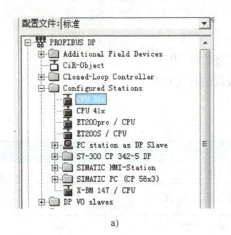

a)                                    b)

图 2-50 从站组态到 DP 总线界面

图 2-51 硬件组态界面

双击从站，在弹出的"DP 从站属性"对话框中单击"组态"→"新建"按钮，在弹出的"DP 从站属性-组态-行 1"对话框中，进行通信信息的组态，其中图 2-52a 的主站地址类型为输出，从站地址类型为输入；图 2-52b 的主站地址类型为输入，从站地址类型为输出。最后单击"确定"按钮完成通信的组态。

5. 通信程序的验证

编写通信程序并进行验证。系统主站和从站的程序如图 2-53 和图 2-54 所示。DP 与智能从站的通信不能用 PLCSIM 来仿真，只能用硬件来验证。将通信双方的程序块和组态信息

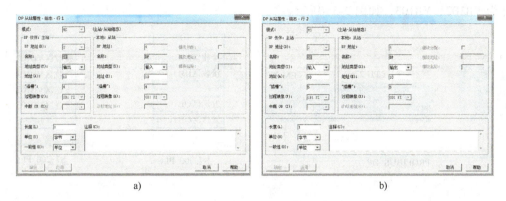

图 2-52 通信信息组态界面

下载到 CPU。用 PROFIBUS 电缆连接主站和从站的 DP 接口，接通主站和从站的电源，进行通信。

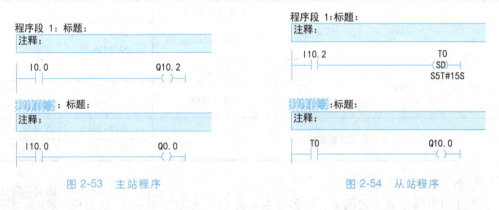

图 2-53 主站程序　　　　　　　　图 2-54 从站程序

## 四、DP 主站与 S7-200 PLC 通信的组态

PROFIBUS-DP 是通用的国际标准，符合该标准的第三方设备作为 DP 网络的从站时，需要在 STEP7 的 HW Config 中安装 GSD 文件，这样才能在硬件目录窗口看到该从站和对它进行组态。本例用于组态 DP 主站与 S7-200 PLC 的 PROFIBUS 通信。

1. EM 277 模块

S7-200 PLC 不支持 DP 通信协议，自身也不带 PROFIBUS-DP 接口，不能直接用作从站，但可以通过添加 EM 277 模块手动设置 DP 地址，将 S7-200 PLC 作为从站连接到 PROFIBUS-DP 网络中，传输速率为 9.6kbit/s～12Mbit/s。作为 DP 从站，EM 277 接受来自主站的 I/O 组态，向主站发送和接收数据；主站也可以读写 S7-200 PLC 的 V 存储区，每次可以与 EM 277 交换 1～128B 的数据。EM 277 只能作为 DP 从站，不需要在 S7-200 PLC 的一侧对 DP 通信组态和编程。

2. 系统配置要求

单主站 PROFIBUS-DP 网络系统采用 PROFIBUS-DP 通信方式实现 S7-200 PLC 与 S7-300 PLC 之间的数据通信，如图 2-55 所示。设定 S7-300 PLC 的数据接收区地址为 IB10、IB11，发送区地址为 QB10、QB11；设定 S7-200 PLC 的数据接收区地址为 VB100、VB101，发送区

地址为 VB102、VB103，如图 2-56 所示。

图 2-55 系统外部接线

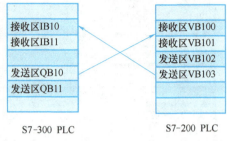

图 2-56 数据的交换

系统参数配置及 I/O 地址见表 2-6。

表 2-6 系统参数配置及 I/O 地址

| 站 | 站类型 | 站地址 | 模块类型 | 主站 I/O 地址 | 从站 I/O 地址 |
|---|---|---|---|---|---|
| 主站 | PLC | 2 | CPU 315-2 DP | | |
| | | | DI16/DO16×24V/0.5A | I0.0~I1.7<br>Q0.0~Q1.7 | |
| 从站 | PLC | 3 | EM 277 | | |
| | | | CPU 224XP | | I0.0~I1.5<br>Q0.0~Q1.1 |
| 数据交换地址 | | | | IB10~IB11<br>QB10~QB11 | VB102、VB103<br>VB100、VB101 |

### 3. 组态 S7-300 PLC 主站

主站的 CPU 等配置方法同前，配置完主站的 CPU 和数字量输入/输出模块后，要导入 GSD 文件。选择"选项"→"安装 GSD 文件"命令，如图 2-57 所示。

EM 277 模块的硬件组态

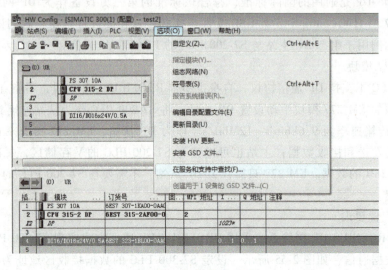

图 2-57 安装 GSD 文件

导入 EM 277 的 GSD 文件，如图 2-58 所示。

图 2-58　导入 EM 277 的 GSD 文件

安装完成后，可以将 EM 277 模块挂在 PROFIBUS-DP 网络中，如图 2-59 所示。将 EM 277 拖放到 PROFIBUS（1）线上，如图 2-60 所示。

图 2-59　设备列表中出现 EM 277 模块

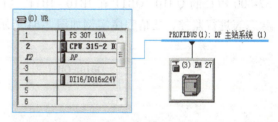

图 2-60　从站 EM 277 连接到总线上

根据通信字节数，选择一种通信方式，如图 2-61 所示，这里选择 2 字节输入/2 字节输出的方式，并将 I/O 地址设为 10、11。

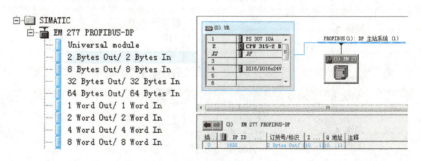

图 2-61　选择 EM 277 的通信方式

双击网络中的 EM 277 模块，设置分配参数，如图 2-62 所示。

4. 从站的设置

1）关闭模块电源。

2）在 EM 277 上设置已经定义的 PROFIBUS-DP 地址。

3）打开模块电源。

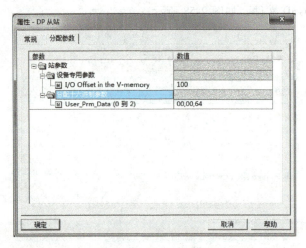

图 2-62 设置分配参数

**5. S7-200 PLC 的编程**

在 S7-200 PLC 中编写程序，将进行交换的数据存放在 VB100～VB103（图 2-63），对应 S7-300 PLC 的 QB10～QB11 和 IB10～IB11，打开 STEP7 中的变量表和 STEP7 MicroWin32 的状态表进行监控，通信程序实例如图 2-64 所示。

图 2-63 数据交换示意图

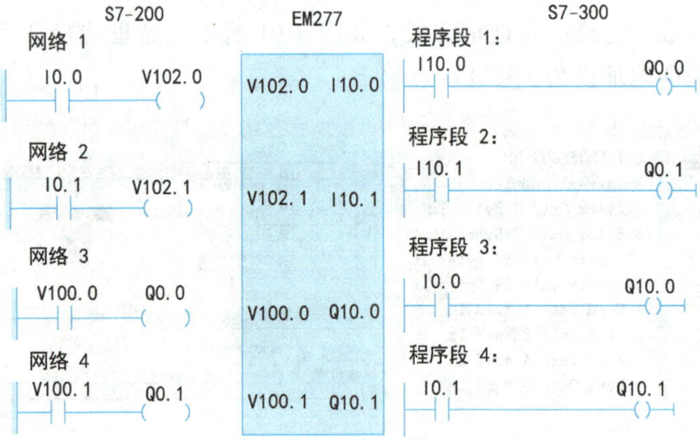

图 2-64 通信程序实例

## 五、DP 主站与变频器通信的组态

**1. 控制要求**

PLC 作为系统的控制器，根据系统控制要求，采用变频器控制电动机。系统配置情况如下：

1) 1类主站为S7-300 PLC，CPU型号为CPU 314C-2 DP，货号为314-6CG03-0AB0 V2.6，电源型号为PS307 2A。

2) 带DP接口的MM 420变频器从站，相关参数如下：

① 订货号：6SE6420-2UC17-5AA1。

② 输入电压范围：（200~240）×（1±10%）V。

③ 输出频率范围：0~650Hz。

④ 适配电动机功率：0.75kW。

3) 计算机作为监控站，通过MPI（消息传递接口）与S7-300 PLC连接，以对S7-300 PLC进行编程以及对PROFIBUS-DP网络进行组态和通信设置。

2. PROFIBUS总线系统硬件的连接和参数配置

1) 正确连接主站和变频器之间的总线电缆，包括必要的终端电阻和各段网络。

2) 总线电缆必须是屏蔽电缆，其屏蔽层必须与电缆插头/插座的外壳相连。

3) 变频器的从站地址（参数P0918）必须正确设置，使它与PROFIBUS主站配置的从站地址相一致。变频器常用操作模式有如下3种类型：

① BOP面板操作。一般先设定P0010 = 30，P970 = 1，把其他参数复位，然后设定P0010 = 0，P0700 = 1，P1000 = 1。

② 外部（通过端子排）输入控制。一般先设定P0010 = 30，P970 = 1，把其他参数复位，然后设定P0010 = 0，P0700 = 2，P1000 = 2。

③ PROFIBUS总线控制。一般先设定P0010 = 30，P970 = 1，把其他参数复位，然后设定P0010 = 0，P0700 = 6，P1000 = 6。本例中变频器设置为PROFIBUS总线控制状态。

3. 硬件组态

（1）主站的配置　主站的配置方法同前面主站的配置方法一样，配置界面如图2-65所示。

S7-300 PLC 与变频器的 硬件组态

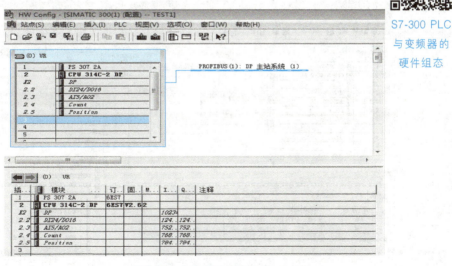

图2-65　主站的配置界面

（2）从站的配置　在PROFIBUS总线配置完成后，右击图2-65中的总线图标，弹出快捷菜单，选择"插入对象"后，弹出可以接入总线硬件的分类文件夹（图2-66）。选择

"SIMOVERT"→"MICROMASTER 4",如图 2-67 所示。设置 MM 420 的地址为"4"、工作方式为"4PKW,2PZD(PPO1)",此时 MM 420 从站的配置完成。通信报文格式的含义是报文中有 4 个字的参数识别值(PKW),有两个字的过程数值(PZD)。I/O 模块的地址已由 STEP7 软件自动分配,如图 2-68 所示。MM 420 主站接收的数据存放在 IB264~IB267 中,共两个字;MM 420 发送给主站的数据区地址为 QB264~QB267,共两个字。最后编译并保存,完成硬件的组态。

图 2-66 总线硬件的分类文件夹

图 2-67 MM 420 从站的选择

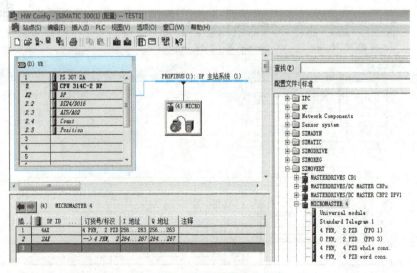

图 2-68 MM 420 从站的组态

MM 420 变频器 PROFIBUS 站地址的设定在变频器的通信板(CB)上完成。通信板上有一排按钮用于设置地址,每个按钮对应"8-4-2-1"码的数据,所有按钮处于"ON"位置,所对应的数据相加的和就是站地址。站地址必须和STEP7软件中硬件组态的地址保存一致，否则不能通信。

以上步骤完成后，选择"站点"菜单，执行"保存并编译"命令，保存并编译硬件组态，完成硬件的组态。选择"站点"→"一致性检查"命令，如果弹出"无错误"对话框，则可以将整个硬件组态下载到PLC。

4. 程序的编写和下载

系统采用STEP7编写程序，编程语言可以选择梯形图、语句表或功能图块。通常用户程序由组织块、功能块和数据块构成。

根据控制要求完成STEP7中系统功能程序的编写后，应将程序下载到PLC的CPU中，这就需要通过合适的适配器或通信卡进行通信。这里使用PC\MPI适配器与PLC通信。PC\MPI通过RS-232C接口把运行STEP7软件的计算机与PLC连接起来，实现两者之间的通信，从而将系统的硬件组态和功能程序下载到S7-300 PLC中。

## 【素质教育】

### 厉害了我的国——5G技术

2019年6月6日，工业和信息化部发布5G商用牌照，这标志着我国正式进入"5G商用元年"。5G传输速度快，延迟低，它的传输速率是当前4G网络的100倍左右。我国的移动通信技术从1G的"缺位"，2G的"跟随"，3G的"追赶"，到4G的"齐头并进"，再到5G技术"领跑"全球，可见近年来我国在高新技术领域取得了卓越的成就。那么什么是5G技术呢？直白的翻译，5G技术就是第五代移动通信技术，其主要特点是波长为毫米级，超宽带、超高速度、超低延迟。1G时代实现了模拟语音通信，但只能打电话，连短信也无法发送；2G时代实现了语音通信数字化，手机有了发短信的功能；3G时代的手机屏幕逐渐变大，除了语音之外，还可以看图片，实现了多媒体通信；4G时代实现了局域高速上网，看视频不再卡顿。从1G到4G都是着眼于人与人之间更方便快捷的通信，但是5G能够实现随时随地、万物互联，让人类敢于期待与地球上的万物通过直播的方式无时差同步参与其中，这就是5G技术的魅力所在。由于5G具备超高的数据连接速度、更大的容量以及更短的延迟时间，它为多项即将改变人们生活的应用带来了新的机遇，包括3D视频和AR（增强现实）、自动驾驶汽车以及人工智能、机器人等技术。因此，5G作为很多先进技术成果应用的基础，在未来具有很大的市场前景。

## 【项目报告】

| 班级 |  | 姓名 |  | 学号 |  |
|---|---|---|---|---|---|
| 指导教师 |  |  | 时　间 |  | 年　月　日 |
| 课程名称 | 工业网络与组态技术 |||||
| 项目二 | PROFIBUS现场总线技术应用 |||||

（续）

| | |
|---|---|
| 学习目标 | <br>了解 PROFIBUS 现场总线的分类、总线存取过程；掌握 PROFIBUS 现场总线的通信协议、传输技术；掌握 PROFIBUS-DP 通信系统的构建方法。通过 PROFIBUS 现场总线的学习，学生应能够完成较简单的 PROFIBUS-DP 通信系统的构建。 |
| 任务一 | PROFIBUS 现场总线概述 |
| 回答问题 | 1. PROFIBUS 现场总线的通信协议有哪些？<br>2. 现场设备的分类有哪些？ |
| 任务二 | 认识 PROFIBUS-DP 系统 |
| 回答问题 | 请简要说明 PROFIBUS-DP 系统的工作过程。 |
| 任务三 | PROFIBUS-DP 通信系统的组建 |
| 实训目的 | 1. 熟悉 Step7 编程软件的使用方法。<br>2. 学会配置 S7-300 PLC 单站的硬件组态。<br>3. 学会配置 DP 主站与标准 DP 从站的通信组态。<br>4. 学会配置 DP 主站与智能从站的通信组态。<br>5. 学会配置 DP 主站与 S7-200 PLC 的通信组态。 |
| 实训内容 | 系统配置如下图所示，系统主站与从站之间通过 PROFIBUS 连接，构成单主站形式的 PROFIBUS-DP 网络系统，系统要求的网络传输速率为 1.5Mbit/s。 |
| 操作步骤 | |
| 本项目学习总结 | |

【项目评价】

| 项目二　PROFIBUS现场总线技术应用 ||||
|---|---|---|---|---|
| 基本素养(30分) |||||
| 序号 | 内容 | 自评 | 互评 | 师评 |
| 1 | 纪律(10分) | | | |
| 2 | 安全操作(10分) | | | |
| 3 | 交流沟通(5分) | | | |
| 4 | 团队协作(5分) | | | |
| 理论知识(30分) |||||
| 序号 | 内容 | 自评 | 互评 | 师评 |
| 1 | PROFIBUS现场总线的通信协议(10分) | | | |
| 2 | PROFIBUS现场总线的传输技术(10分) | | | |
| 3 | PROFIBUS现场总线的网络控制方法(10分) | | | |
| 操作技能(40分) |||||
| 序号 | 内容 | 自评 | 互评 | 师评 |
| 1 | S7-300 PLC单站的硬件组态(8分) | | | |
| 2 | DP主站与标准DP从站通信的组态(8分) | | | |
| 3 | DP主站与智能从站通信的组态(8分) | | | |
| 4 | DP主站与S7-200 PLC通信的组态(8分) | | | |
| 5 | DP主站与变频器通信的组态(8分) | | | |

# 项目三 工业以太网技术应用
## CHAPTER 3

**知识目标**
- 了解工业以太网的基本概念
- 理解工业以太网在自动化中的应用
- 掌握工业以太网网络控制系统的构建方法

**能力目标**
- 能够完成工业以太网网络的构建
- 具有初步了解工业以太网应用的能力

**素养目标**
- 增强文化自信,树立使命感和责任感
- 培养爱国情怀和社会责任担当

【问题引入】

以太网(Ethernet)技术支持几乎所有的网络协议,所以在数据信息网络中得到了广泛应用,它具有传输速率快、低能耗、便于安装、兼容性好、开放性高和支持设备多等优势。近些年来,随着网络技术的发展和工业控制领域对网络性能要求越来越高,以太网正逐步进入工业控制领域,形成了新型的以太网控制网络技术。

工业以太网控制系统与其他控制系统相比具有很大的优势,它可以应用在多种工业控制领域。随着集成电路、工业以太网和嵌入式 Internet 技术研究的进一步深入,基于以太网的工业控制网络时代将会很快到来,并成为最具开放性的工业控制网络体系结构。这种新型的网络体系与现场总线在以太网方面的发展相呼应,相对传统的工业控制网络来说是一个变革,必将为工业控制领域带来新的天地。

# 工业以太网技术应用　　项目三

【学习导航】

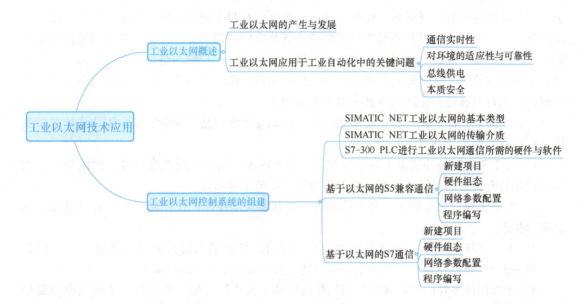

# 任务一　工业以太网概述

【任务描述】

工业以太网的开放性使工业控制网络和企业信息网络的无缝整合方面具有无可比拟的优势。本任务将介绍什么是工业以太网，工业以太网应用于工业自动化中的关键问题有哪些。

【任务学习】

## 一、工业以太网的产生与发展

随着信息技术的不断发展，信息交换技术覆盖了各行各业。在自动化领域，越来越多的企业需要建立包含从工厂现场设备层到控制层、管理层等各个层次的综合自动化网络管控平台，以及以工业控制网络技术为基础的企业信息化系统。

工业以太网提供了针对制造业控制网络的数据传输的以太网标准。该技术基于工业标准，利用交换式以太网的结构，有很高的网络安全性、可操作性和实效性，最大限度地满足了用户和生产厂商的需求。工业以太网以其特有的低成本、高实效、高扩展性及高智能的魅力，吸引着越来越多的制造业厂商。

工业以太网是互联网系列技术延伸到工业应用环境的产物。工业以太网涉及企业网络的各个层次，无论是应用于工业环境中的企业信息网络，还是基于普通以太网技术的控制网络,以及新兴的实时以太网,均属于工业以太网的范畴。因此,工业以太网既属于信息网络技术,也属于控制网络技术,它是一系列技术的总称。工业以太网技术经过多年的发展,特别是它在互联网中的广泛应用,使其得到了广大开发商与用户的认同。无论从技术上还是产品价格上,工业以太网较其他类型的网络技术更具有明显的优势。另外,随着网络技术的发展,控制网络与普通计算机网络、互联网的联系更为密切。控制网络技术需要考虑与计算机网络连接的一致性,需要提高对现场设备通信能力的要求,这些都是控制网络设备的开发者与制造商把目光转向工业以太网技术的重要原因。

工业以太网产品的设计制造必须充分考虑并满足工业网络应用的需要。工业现场对工业以太网产品的要求包括以下几个方面:

1)由于工业现场环境温度高、湿度大、空气污浊,且含有腐蚀性气体,因此要求工业级的产品具有良好的环境适应性,并要求耐腐蚀、防尘和防水。

2)由于工业现场有粉尘、易燃易爆物质或有毒气体存在,往往需要采取防爆措施,保证安全生产。

3)工业现场的振动、电磁干扰大,工业控制网络必须具有机械环境适应性(如耐振动、耐冲击)、电磁环境适应性或电磁兼容性(Electromagnetic Compatibility,EMC)等。

4)工业网络器件的供电通常是采用柜内低压直流电源标准,大多数工业环境中控制柜内所需电源为低压 DC 24V。

5)采用标准导轨,安装方便,适应工业环境安装的要求。工业网络器件要能方便地安装在工业现场的控制柜内,并容易更换。

## 二、工业以太网应用于工业自动化中的关键问题

1. 通信实时性

以太网采用的 CSMA/CD 的介质访问控制方式,其本质上是非实时的。平等竞争的介质访问控制方式不能满足工业自动化领域对通信的实时性要求,因此以太网一直被认为不适合在底层工业网络中使用。需要有针对这一问题的切实的解决方案。

2. 对环境的适应性与可靠性

以太网是按办公环境设计的,将它用于工业控制环境,其环境适应能力、抗干扰能力等是许多从事自动化的专业人士所特别关心的。在产品设计时要特别注重材质、元器件的选择,使产品在强度、温度、湿度、振动、干扰和辐射等环境参数方面满足工业现场的要求,还要考虑到在工业环境下的安装要求,例如采用 DIN 导轨式安装等。像 RJ45 一类的连接器,在工业上应用容易损坏,应该采用带锁紧功能的连接件,使设备具有更好的抗振动、抗疲劳能力。

3. 总线供电

在控制网络中,现场控制设备的位置分散性使它们对总线有提供工作电源的要求。现有的许多控制网络技术都可以利用网线对现场设备供电。工业以太网目前没有对网络节点供电做出规定。一种可能的方案是利用现有的 5 类双绞线中另一对空闲线供电。一般在工业应用环境下,要求采用 DC 10~36V 低压供电。

4. 本质安全

工业以太网如果要用在一些易燃易爆的危险环境下,必须考虑本安防爆问题。这是在总

线供电解决之后要进一步解决的问题。

在工业数据通信与控制网络中，直接采用以太网作为控制网络的通信技术只是工业以太网发展的一个方面，现有的许多现场总线控制网络都提出了与以太网结合，用以太网作为现场总线网络的高速网段，使控制网络与互联网融为一体的解决方案。

在控制网络中采用以太网技术无疑有助于控制网络与互联网的融合，使控制网络无须经过网关转换即可直接连至互联网，且使测控节点能够成为互联网上的一员。在控制器、PLC、测量变送器、执行器、I/O 卡等设备中嵌入以太网通信接口、TCP/IP（传输控制协议/互联网协议）、Web 服务器便可形成支持以太网、TCP/IP 和 Web 服务器的互联网现场节点。在应用层协议尚未统一的环境下，借助 IE 等通用的网络浏览器实现对生产现场的远程监视与控制，也是人们提出且正在实现的一个有效的解决方案。

# 任务二 工业以太网控制系统的组建

## 【任务描述】

工业以太网是普通以太网技术在控制网络延伸的产物，是工业应用环境下信息网络与控制网络的结合体。本任务将介绍基于西门子 S7-300 PLC 的 SIMATIC NET 工业以太网控制系统的组建。

## 【任务学习】

这里简要介绍 SIMATIC NET 工业以太网。

SIMATIC NET 工业以太网基于经过现场验证的技术，符合 IEEE 802.3 标准，并提供 10Mbit/s 的工业以太网以及 100Mbit/s 的快速工业以太网技术。经过多年的实践，SIMATIC NET 工业以太网的应用已多于 40 万个节点，遍布世界各地，多用于严酷的工业环境，包括有高强度电磁干扰的地区。

### 一、SIMATIC NET 工业以太网的基本类型

1）10Mbit/s 的工业以太网应用基带传输技术，基于 IEEE 802.3 标准，利用 CSMA/CD 介质访问方法的单元级、控制级传输网络，其传输速率为 10Mbit/s，其传输介质为同轴电缆、屏蔽双绞线或光纤。

2）100Mbit/s 的快速工业以太网基于以太网技术，其传输速率为 100Mbit/s，传输介质为屏蔽双绞线或光纤。

### 二、SIMATIC NET 工业以太网的传输介质

网络的物理传输介质主要根据网络连接距离、数据安全以及传输速率来选择。在西门子工业以太网网络中，通常使用的物理传输介质是屏蔽双绞线、工业屏蔽双绞线以及光纤。

## 三、S7-300 PLC 进行工业以太网通信所需的硬件与软件

（1）硬件　硬件包括 CPU、CP 343-1 IT/CP 343-1 和 PC（带网卡）。

（2）软件　软件使用 STEP7 V5.2。为了便于选择硬件，需要保持软件的更新，可以到西门子（中国）自动化与驱动集团的官方网站下载所需的补丁和升级包。

（3）PG/PC Interface 的设定　在"SIMATIC Manger"界面中，选择"选项"→"设置 PG/PC 接口"命令，弹出"设置 PG/PC 接口"对话框，选定"TCP/IP（Auto）"为通信协议，如图 3-1 所示。

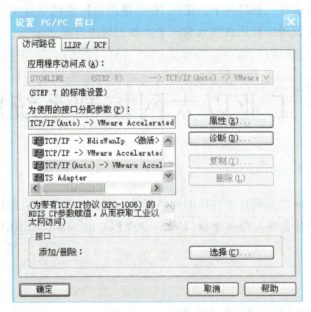

图 3-1　"设置 PG/PC 接口"对话框

【任务实施】

### 一、基于以太网的 S5 兼容通信

基于以太网的 S5 兼容通信包括 ISO、ISO-on-TCP、TCP 和 UDP（用户数据报协议）通信，它们的组态和编程的方法基本上相同。下面以 S7-300 PLC 之间通过 CP 343-1 IT 和 CP 343-1 建立的 TCP 连接为例，介绍 S5 兼容通信的组态和编程的方法。

基于以太网的
S5 兼容通信

1. 新建项目

在 STEP7 中创建一个新项目，取名为"TCP of IE"。单击鼠标右键，在弹出的快捷菜单中选择"插入新对象"→"SIMATIC 300 站点"命令，插入一个 300 站，取名为"313C-2DP"。用同样的方法在项目"TCP of IE"下插入另一个 300 站，取名为"315-2DP"，如图 3-2 所示。

2. 硬件组态

首先对"313C-2DP"站进行硬件组态，双击"硬件"图标，进入"HW Config"界面。

图 3-2 建立项目

在机架上加入"CPU 313-2 DP""DI16/DO16×24V/0.5A"和"CP 343-1 IT",如图 3-3 所示。

同时把 CPU 的 MPI 地址设为"4",CP 模块的 MPI 地址设为"5"。"CP 343-1 IT"可以在"SIMATIC 300"→"CP-300"→"Industrial Ethernet"下找到,如图 3-4 所示。

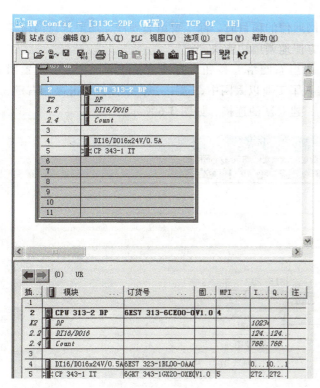

图 3-3 "313C-2DP"站的硬件组态

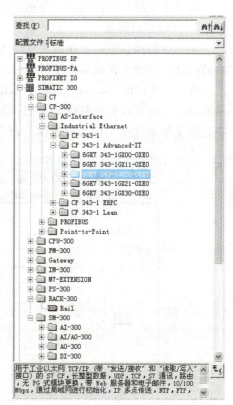

图 3-4 "CP 343-1 IT"的硬件位置

当把"CP 343-1 IT"插入机架时,会弹出一个 CP 343-1 IT 的属性对话框。新建以太网"Ethernet(1)",因为要使用 TCP,故只需设置 CP 模块的 IP 地址,如图 3-5 所示。本例中,CP 343-1 IT 的 IP 地址为 10.10.3.28,子网掩码为 255.255.255.192。

用同样的方法,建立"315-2DP"站的硬件组态。CPU 的 MPI 地址设为"2",CP 模块的 MPI 地址设为"3"。CP 模块的 IP 地址为 10.10.3.58,子网掩码为 255.255.255.192。

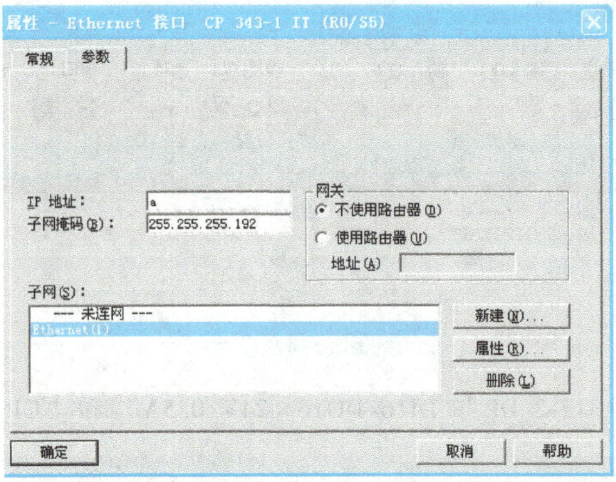

图 3-5 CP 343-1 IT 的属性对话框

硬件组态好后保存编译,分别下载到两台 PLC 中。

3. 网络参数配置

与一般的项目不同,在做工业以太网通信的项目时,除了要组态硬件,还要进行网络参数的配置,以便于在编写程序时,可以方便地调用功能块。

在"SIMATIC Manger"界面中单击"组态网络"按钮,打开"NetPro"对话框设置网络参数。此时可以看到两台 PLC 已经挂入了工业以太网中,选中一个 CPU,单击鼠标右键,在快捷菜单中选择"插入新连接"命令,建立新的连接,如图 3-6 所示。

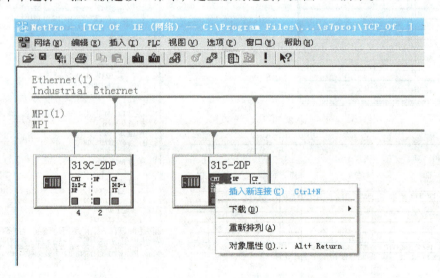

图 3-6 建立新的连接

在连接类型中,选择"TCP 连接",如图 3-7 所示。

然后单击"确定"按钮,设置连接属性,如图 3-8 所示。在"块参数"选项组中 ID = 1,是通信的连接号;LADDR = W#16#0110,是 CP 模块的地址,这两个参数在后面的编程时会用到。

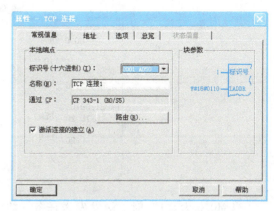

图 3-7 选择"TCP 连接"　　　　　　图 3-8 "属性-TCP 连接"对话框

通信双方的其中一个站（本例中为 CPU 315-2 DP）必须勾选"激活连接的建立"选项，以便在通信连接初始化中起到主动连接的作用。

在"地址"标签中可以看到通信双方的 IP 地址，占用的端口号可以自定义，也可以使用默认值，如 2000，如图 3-9 所示。

参数设置好后编译保存，再下载到 PLC 中就完成了。

4. 编写程序

在进行工业以太网通信编程时需要调用功能块 FC5（即"AG_SEND"）和 FC6（即"AG_RECV"），该功能块在指令库"库"→"SIMATIC_NET_CP"→"CP 300"中可以找到，如图 3-10 所示。

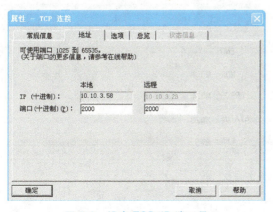

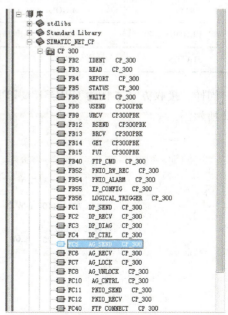

图 3-9 设定 TCP/IP 端口号　　　　　　图 3-10 指令库目录

其中发送方(本例中为 CPU 315-2 DP)在发送数据时需要调用发送功能块 FC5,其程序如图 3-11 所示。

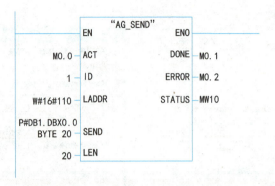

图 3-11  发送方程序

当 M0.0 为"1"时,触发发送任务,将"SEND"数据区中的 20B 发送出去,发送数据"LEN"的长度不大于数据区的长度。表 3-1 为功能块 FC5 各个引脚的参数说明。

表 3-1  功能块 FC5 各个引脚的参数说明

| 参数名 | 数据类型 | 参数说明 |
| --- | --- | --- |
| ACT | BOOL | 触发端,该参数为"1"时发送 |
| ID | INT | 连接号 |
| LADDR | WORD | CP 模块的地址 |
| SEND | ANY | 发送数据区 |
| LEN | INT | 被发送数据的长度 |
| DONE | BOOL | 为"1"时,发送完成 |
| ERROR | BOOL | 为"1"时,有故障发生 |
| STATUS | WORD | 故障代码 |

同样,接收方(本例为 CPU 313C-2DP)在接收数据时需要调用接收功能块 FC6,如图 3-12 所示。

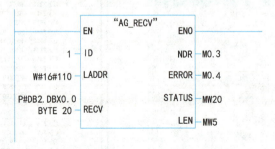

图 3-12  接收方程序

功能块 FC6 各个引脚的参数说明见表 3-2。

表 3-2 功能块 FC6 各个引脚的参数说明

| 参数名 | 数据类型 | 参数说明 |
| --- | --- | --- |
| ID | INT | 连接号 |
| LADDR | WORD | CP 模块的地址 |
| RECV | ANY | 接收数据区 |
| NDR | BOOL | 为"1"时,接收到新数据 |
| ERROR | BOOL | 为"1"时,有故障发生 |
| STATUS | WORD | 故障代码 |
| LEN | WORD | 接收到的数据长度 |

程序编写好后保存下载,就可以把发送方 CPU 315-2 DP 内的 20B 的数据发送给接收方 CPU 313C-2 DP。

正常情况下,功能块 FC5 和 FC6 的最大数据通信量为 240B,如果用户数据大于 240B,则需要通过硬件组态在 CP 模块的硬件属性中勾选"数据长度>240 字节"(最大 8KB),如图 3-13 所示。如果数据长度小于 240B,不要激活此选项,以减少网络负载。

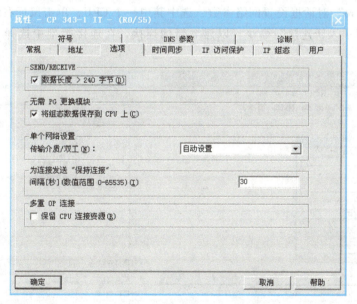

图 3-13 通信数据量的设置

## 二、基于以太网的 S7 通信

1. 新建项目

在 STEP7 中创建一个项目,取名为"IE_S7",单击鼠标右键,在弹出的快捷菜单中选择"插入新对象"→"SIMATIC 300 站点"命令,插入一个 300 站。用同样的方法在项目"IE_S7"下插入另一个 300 站,如图 3-14 所示。

基于以太网的 S7 通信

图 3-14 建立项目

**2. 硬件组态**

单击"SIMATIC 300（1）"站点，双击右侧的"硬件"图标，进入硬件组态环境。在机架中插入所需的 CPU 和 CP 模块，如图 3-15 所示。

当插入 CP 模块后，会自动弹出一个 CP 343-1 IT 的属性对话框。新建以太网"Ethernet（1）"，因为要使用 ISO 传输协议，故选择"设置 MAC 地址/使用 ISO 协议"，本例中设置该 CP 模块的 MAC 地址为 08-00-06-71-6D-D0，IP 地址为 192.168.1.10，子网掩码为 255.255.255.0。

用同样的方法，建立另一个 S7-300 PLC 站，CP 模块为 CP 343-1，设置 CP 模块的 MAC 地址，连接到同一个网络"Ethernet（1）"上。

**3. 网络参数配置**

打开"NetPro"对话框设置网络参数，选中其中一个 CPU，单击鼠标右键，在弹出的快捷菜单中选择"插入新连接"命令，以建立新的连接，在连接类型中选择"S7 连接"，如图 3-16 所示。

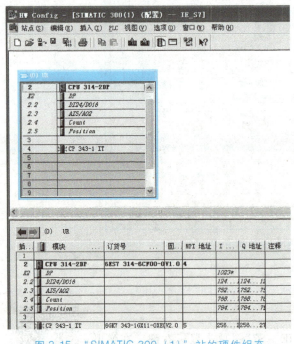

图 3-15 "SIMATIC 300（1）"站的硬件组态　　图 3-16 选择"S7 连接"

单击"确定"按钮，设置连接属性，如图 3-17 所示。"常规"标签下的"块参数"选项组 ID=1，这个参数在后面编程时会用到。

通信双方的其中一个站（如 CPU 314C-2 DP）为客户端，勾选"建立主动连接"选项；另一个站（如 CPU 313C-2 PtP）为服务器端，在相应属性中不勾选。

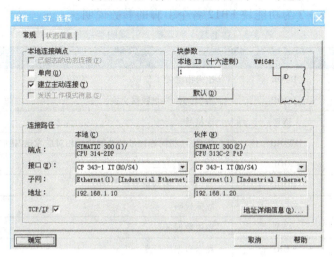

图 3-17 "属性-S7 连接"对话框

如果勾选了"TCP/IP"，站与站之间的连接将使用 IP 地址进行访问，否则将使用 MAC 地址进行访问。

"单向"表示单向通信，如果勾选该选项，则双边通信的功能块 FB12（即"BSEND"）和 FB13（即"BRCV"）将不再使用，需要调用 FB14 即（"GET"）和 FB15 即（"PUT"）。

设置好后保存编译并下载到各 PLC 中。

4. 程序编写

（1）双边通信　由于事先选择了双边通信的方式，故在编程时需要调用 FB12 和 FB13 即通信双方均需要编程，一端发送，则另外一端必须接收才能完成通信。

FB12 和 FB13 可以在指令库"库"→"SIMATIC_NET_CP"→"CP 300"中可以找到，如图 3-18 所示。

首先，发送方（本例中为 CPU 314C-2DP）在发送数据时需要调用功能块 FB12，其程序如图 3-19 所示。

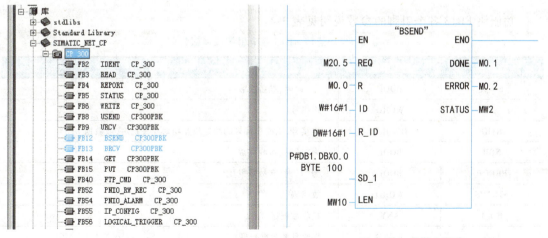

图 3-18　指令库目录　　　　　　　　图 3-19　发送方程序

"ID"为网络参数设置时确定,而"R_ID"在编程时由用户自定义,相同的"R_ID"的发送/接收功能块才能正确地传输数据,例如发送方的"R_ID"=1,则接收方的"R_ID"也应设为1。表3-3为功能块FB12各个引脚的参数说明。

表3-3 功能块FB12各个引脚的参数说明

| 参数名 | 数据类型 | 参数说明 |
| --- | --- | --- |
| REQ | BOOL | 上升沿触发工作 |
| R | BOOL | 为"1"时,终止数据交换 |
| ID | INT | 连接号 |
| R_ID | DWORD | 连接号,相同连接号的功能块互相对应发送/接收数据 |
| DONE | BOOL | 为"1"时,发送完成 |
| ERROR | BOOL | 为"1"时,有故障发生 |
| STATUS | WORD | 故障代码 |
| SD_1 | ANY | 发送数据区 |
| LEN | WORD | 发送数据的长度 |

接收方(本例中为CPU 314C-2 PtP)在接收数据时需要调用功能块FB13,其程序如图3-20所示。

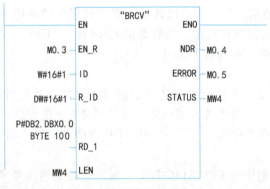

图3-20 接收方程序

功能块FB13各个引脚的参数说明见表3-4。

表3-4 功能块FB13各个引脚的参数说明

| 参数名 | 数据类型 | 参数说明 |
| --- | --- | --- |
| EN_R | BOOL | 为"1"时,准备接收 |
| ID | WORD | 连接号 |
| R_ID | DWORD | 连接号,相同连接号的功能块互相对应发送/接收数据 |
| NDR | BOOL | 为"1"时,接收完成 |
| ERROR | BOOL | 为"1"时,有故障发生 |
| STATUS | WORD | 故障码 |
| RD_1 | ANY | 接收数据区 |
| LEN | WORD | 接收到的数据长度 |

(2)单边通信 此时,在"属性-S7 连接"对话框中需要勾选"单向",如图 3-21 所示。

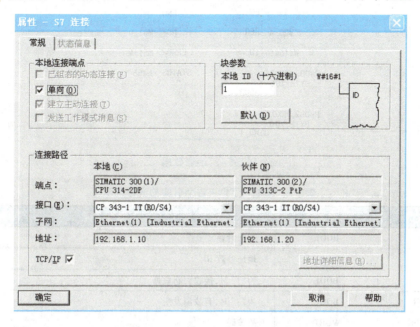

图 3-21 单边通信的 S7 连接属性设置

当使用"单向"方式时,只需在本地侧的 PLC 调用功能块 FB14 和 FB15,即可向通信对方发送数据或读取对方的数据。

FB14 和 FB15 同样在指令库"库"→"SIMATIC_NET_CP"→"CP 300"中可以找到,如图 3-22 所示。

先调用功能块 FB15 进行数据发送,如图 3-23 所示。

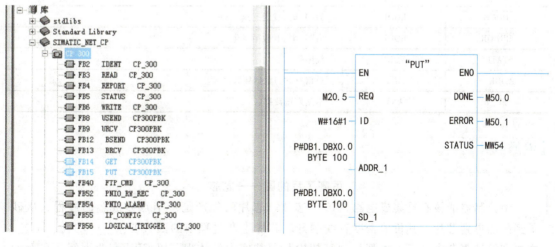

图 3-22 指令库目录    图 3-23 发送数据

接着调用功能块 FB14 读取对方 PLC 中的数据,如图 3-24 所示。
功能块 FB14 和 FB15 各个引脚的参数说明分别见表 3-5 和表 3-6。

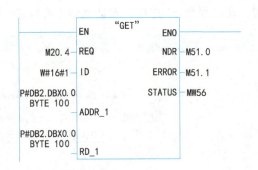

图 3-24　读取数据

表 3-5　功能块 FB14 各个引脚的参数说明

| 参数名 | 数据类型 | 参数说明 |
| --- | --- | --- |
| REQ | BOOL | 上升沿触发工作 |
| ID | WORD | 地址参数 ID |
| NDR | BOOL | 为"1"时，接收到新数据 |
| ERROR | BOOL | 为"1"时，有故障发生 |
| STATUS | WORD | 故障码 |
| ADDR_1 | ANY | 从通信对方的数据地址中读取数据 |
| RD_1 | ANY | 本站接收数据区 |

表 3-6　功能块 FB15 各个引脚的参数说明

| 参数名 | 数据类型 | 参数说明 |
| --- | --- | --- |
| REQ | BOOL | 上升沿触发工作 |
| ID | WORD | 地址参数 ID |
| DONE | BOOL | 为"1"时，发送完成 |
| ERROR | BOOL | 为"1"时，有故障发生 |
| STATUS | WORD | 故障码 |
| ADDR_1 | ANY | 通信对方的数据接收区 |
| SD_1 | ANY | 本站发送数据区 |

【素质教育】

### 厉害了我的国——龙芯

微控制器的核心是集成电路（IC）芯片。芯片的生产是一个点砂成金的过程，从砂子到晶圆再到芯片，其价值密度直线飙升。芯片生产过程中的四大要素——功耗、工艺、成本和设计复杂度，每一项都是"高精尖"科技实力的体现。以 CPU 产业为例，在 Intel（英特尔）、AMD（超威半导体）等国外巨头垄断的市场下，我国自主研发的芯片产品"龙芯"持续多年在自主研发技术上不断深耕，推出了三大系列 CPU 产品，并已应用至航空航天、国家安全、国防、交通和金融等众多领域，打破了国外厂商的垄断。

## 工业以太网技术应用 项目三

【**项目报告**】

| 班级 | | 姓名 | | 学号 | |
|---|---|---|---|---|---|
| 指导教师 | | | 时 间 | | 年 月 日 |
| 课程名称 | | 工业网络与组态技术 | | | |
| 项目三 | | 工业以太网技术应用 | | | |
| 实训目的 | 了解工业以太网的基本概念,掌握工业以太网网络控制系统的构建方法。通过工业以太网网络的学习,学生应能够完成工业以太网网络的构建。 | | | | |
| 实训内容 | 建立 S7-300 PLC 与 S7-300 PLC 之间的 PROFINET 工业以太网网络控制系统,并完成组态,编写基本通信程序。 | | | | |
| 实训步骤 | | | | | |
| 本项目学习总结 | | | | | |

【项目评价】

项目三　工业以太网技术应用

基本素养(30分)

| 序号 | 内容 | 自评 | 互评 | 师评 |
| --- | --- | --- | --- | --- |
| 1 | 纪律(10分) | | | |
| 2 | 安全操作(10分) | | | |
| 3 | 交流沟通(5分) | | | |
| 4 | 团队协作(5分) | | | |

理论知识(30分)

| 序号 | 内容 | 自评 | 互评 | 师评 |
| --- | --- | --- | --- | --- |
| 1 | 工业以太网的传输介质(10分) | | | |
| 2 | 工业以太网的基本传输速率(10分) | | | |
| 3 | 工业以太网应用于工业自动化中的关键问题(10分) | | | |

操作技能(40分)

| 序号 | 内容 | 自评 | 互评 | 师评 |
| --- | --- | --- | --- | --- |
| 1 | S7-300 PLC利用S5通信协议进行工业以太网通信的组建(20分) | | | |
| 2 | S7-300 PLC利用S7通信协议进行工业以太网通信的组建(20分) | | | |

# 项目四 Modbus现场总线技术应用

**CHAPTER 4**

**知识目标**
- 了解 Modbus 现场总线的概念
- 熟悉 Modbus RTU 通信
- 掌握 Modbus 现场总线控制系统的构建方法

**能力目标**
- 能够正确运用 Modbus 指令
- 能够完成较简单的 Modbus 现场总线控制系统的构建

**素养目标**
- 树立民族自信
- 具备新时代"工匠精神"

【问题引入】

工业控制已从单机控制走向集中监控、集散控制，当前正处于网络时代，工业控制器连网也为网络管理提供了方便。Modbus 是 Modicon（莫迪康）公司于 1979 年开发的一种通信协议，它是一种在工业领域被广为应用的开放、标准的网络通信协议，也是应用于电子控制器上的一种通用语言，通过此协议控制器之间可以进行通信。不同厂商生产的控制设备通过 Modbus 协议可以连成通信网络，在 PLC、变频器、电气设备及自动化仪表等领域都有 Modbus 协议的应用。

【学习导航】

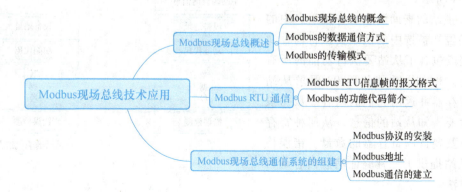

# 任务一　Modbus 现场总线概述

【任务描述】

Modbus 协议因其简单易用获得了大范围的推广普及，几乎所有的 PLC 及仪表模块均支持该协议。本任务将介绍 Modbus 现场总线的概念、Modbus 的数据通信方式以及 Modbus 的传输模式等内容。

【任务学习】

## 一、Modbus 现场总线的概念

Modbus 是国际上第一个真正用于工业控制的现场总线协议。由于其功能完善、使用简单、数据易于处理，因而在各种智能设备中被广泛应用。

许多工业设备（包括 PLC、智能仪表等）使用 Modbus 协议作为通信标准。由于施耐德公司的推动，加上相对低廉的实现成本，Modbus 现场总线在低压配电市场上所占的份额大大超过其他现场总线。Modbus 尤其适用于小型控制系统或单机控制系统，以实现低成本、高性能的主从式计算机网络监控。2008 年 3 月，基于 Modbus 协议的工业通信领域现场总线技术国家标准 GB/T 19582—2008 正式公布。

Modbus 数据通信方式

## 二、Modbus 的数据通信方式

Modbus 的数据通信采用主/从方式。网络中只有一个主设备，通信采用查询/回应的方式进行。主设备初始化系统通信设置，并向从设备发送消息；从设备正确接收消息后响应主设备的查询或根据主设备的消息做出响应的动作。主设备可以是 PC、PLC 或其他工业控制设备，可以单独与从设备通信，也可以通过广播的方式与所有从设备通信。单独通信时，从设备需要返回消息作为回应，从设备回应消息也由 Modbus 信息帧构成；以广播方式查询时则不做任何回应。主从设备查询/回应周期如图 4-1 所示。

（1）主站的查询消息　查询消息中的功能代码告知被选中的从站要执行何种功能。数据段包含了从站要执行功能的所有附加信息。例如，功能代码 03 要求从站读保持寄存器并返回它们的内容。数据段必须包含要告知从站的信息，从何种寄存器开始读及要读的寄存器的数量。错误检测域为从站提供了一种验证消息内容是否正确的方法。

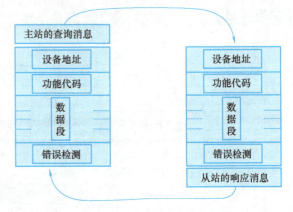

图 4-1　主从设备查询/回应周期

（2）从站的响应消息　如果从站产生正常的响应，在响应消息中的功能代码是在查询消息中的功能代码的响应。数据段包括了从站收集到的数据，如寄存器的值或状态。如果有错误发生，功能代码将被修改以用于指出响应消息是错误的，同时数据段包含了描述此错误信息的代码。错误检测域允许主站确认消息的内容是否可用。

### 三、Modbus 的传输模式

对于串行连接，在 Modbus 系统中有两种传输模式可选择，即 RTU（Remote Terminal Unit，远程终端单元）模式和 ASCII（美国信息交换标准码）模式。这两种模式只是信息编码不同，RTU 模式采用二进制表示数据，而 ASCII 模式使用的字符是 RTU 模式的两倍，即在相同传输速率下，RTU 模式比 ASCII 模式传输效率要提高一倍左右；但 RTU 模式对系统的时间要求较高，而 ASCII 模式允许两个字符发送的时间间隔为 1s，而且不产生错误。

在一个 Modbus 通信系统中只能选择一种模式，不允许两种模式混合使用，即设置为 RTU 通信方式的节点不会与设置为 ASCII 通信方式的节点进行通信，反之亦然。通信系统选用哪种传输模式可由主设备来选择。

Modbus RTU 是一种较为理想的通信协议，也得到了广泛应用，常见的通信速率为 9600 bit/s 和 19200bit/s。

# 任务二　Modbus RTU 通信

【任务描述】

Modbus 协议已经成为通用工业标准，通过该协议，控制器与控制器、控制器通过网络（以太网）与其他设备之间可以实现串行通信。RTU 即远程终端单元，消息中每 8 位包含两个十六进制字符。在相同的波特率下，这种方法比 ASCII 方式传送的数据量大。本任务将介绍 Modbus RTU 信息帧的报文格式及功能代码的使用方法。

【任务学习】

### 一、Modbus RTU 信息帧的报文格式

为了与从设备进行通信，主设备会发送一段包含设备地址、功能代码、数据段和错误检查的信息。Modbus RTU 信息帧的报文格式见表 4-1。使用 RTU 模式发送消息至少要有 3.5 个字符的时间停顿间隔作为报文的开始，在网络波特率下设置多个字符时间是很容易实现的。

表 4-1　Modbus RTU 信息帧的报文格式

| 起始位 | 设备地址 | 功能代码 | 数据段 | CRC 码 | 结束符 |
|---|---|---|---|---|---|
| T1-T2-T3-T4 | 8bit | 8bit | n 个 8bit | 16bit | T1-T2-T3-T4 |

1）设备地址。信息帧的第一个字节是设备地址码，这个字节表明由用户设置地址的从

站将接收由主站发送来的信息。每个从站都必须有唯一的地址码,并且只有符合地址码的从站才能响应回送。当从站回送信息时,相应的地址码表明该信息来自何处。设备地址是一个 0~247 范围内的数字,发送给地址 0 的信息可以被所有从站接收。但是数字 1~247 是特定设备的地址,相应地址的从设备总是会对 Modbus 信息做出反应,这样主设备就知道这条信息已经被从设备接收到了。

2) 功能代码。功能代码是通信传送的第二个字节,定义了从设备应该执行的命令,如读取数据、接收数据以及报告状态等(表 4-2),有些功能代码还拥有子功能代码。主站请求发送,通过功能代码告诉从站执行什么动作;作为从站响应,从站发送的功能代码与从主站得到的代码一样,并表明从站已响应主站进行操作。功能代码范围为 1~255,有些代码适用于所有控制器,有些代码只能应用于某种控制器,还有些代码保留备用。

表 4-2 功能代码

| 功能代码 | 作用 | 数据类型 |
| --- | --- | --- |
| 01 | 读开关量输出状态 | 位 |
| 02 | 读开关量输入状态 | 位 |
| 03 | 读取保持寄存器 | 整型、字符型、状态字、浮点型 |
| 04 | 读输入寄存器 | 整型、状态字、浮点型 |
| 05 | 写单个线圈 | 位 |
| 06 | 写单个寄存器 | 整型、字符型、状态字、浮点型 |
| 07 | 读异常状态 | — |
| 08 | 回送诊断校验 | 重复回送信息 |
| 15 | 写多个线圈 | 位 |
| 16 | 写多个寄存器 | 整型、字符型、状态字、浮点型 |
| ×× | 根据设备不同,最多可以有 255 个功能代码 | — |

3) 数据段。对应不同的功能代码,数据段的内容会有所不同。数据段包含需要从站执行的动作或由从站采集的回送信息,这些信息可以是数值、参考地址等。对于不同的从站,地址和数据信息都不相同。例如,功能代码告诉从站读取寄存器的值,则数据段必须包含要读取寄存器的起始地址及读取长度。

4) CRC 码。循环冗余校验(CRC)码是包含两个字节的错误检测码,由传输设备计算后加入消息,接收设备重新计算收到消息的 CRC,并与接收到的 CRC 域中的值进行比较,如果两值不同,则表明有错误。在有些系统里,还需对数据进行奇偶校验,奇偶校验对每个字符都可用,而帧检测 CRC 应用于整个消息。

## 二、Modbus 的功能代码简介

### 1. 功能码 01

功能码 01 用于读取开关量的输出状态。例如,主站要读取地址为 1 的从站开关量 DO0~DO1 的输出状态,主站向从站发送的报文数据为〔01 01 0010 0002 BDCB〕(表 4-3),从站响应主站返回的报文数据为〔01 01 01 02 D049〕(表 4-4)。

表 4-3　主站的命令信息

| 主机发送 | 字节数 | 发送的信息 | 备注 |
| --- | --- | --- | --- |
| 从站地址 | 1 | 01 | 发送至地址为 01 的从站 |
| 功能代码 | 1 | 01 | 读开关量的输出状态 |
| 起始位地址 | 2 | 0010 | 起始地址为 0010 |
| 读数据长度 | 2 | 0002 | 读取 2 路继电器的输出状态位 |
| CRC 码 | 2 | BDCB | 由主站计算得到 CRC 码 |

表 4-4　从站的响应信息

| 主机发送 | 字节数 | 返回的信息 | 备注 |
| --- | --- | --- | --- |
| 从站地址 | 1 | 01 | 来自从站 01 |
| 功能代码 | 1 | 01 | 读开关量的输出状态 |
| 数据长度 | 1 | 01 | 被读取的位继电器的数目：当读取继电器的数目不足 1B 时，以 1B 计算 |
| 数据内容 | 1 | 02 | 02H 表示 DO11 为 ON 状态，DO10 为 OFF 状态（02H = 00000010B） |
| CRC 码 | 2 | D049 | 由从站计算得到 CRC 码 |

## 2. 功能码 02

功能码 02 用于读取开关量的输入状态。例如，主站要读取地址为 1 的从站开关量 DI1～DI4 的输入状态，主站向从站发送的报文数据为［01 02 0001 0004 79C9］（表 4-5），从站响应主站返回的报文数据为［01 02 01 0B E04F］（表 4-6）。

表 4-5　主站的命令信息

| 主机发送 | 字节数 | 发送的信息 | 备注 |
| --- | --- | --- | --- |
| 从站地址 | 1 | 01 | 发送至地址为 01 的从站 |
| 功能代码 | 1 | 02 | 读开关量的输入状态 |
| 超始位地址 | 2 | 0001 | 起始地址为 0001 |
| 读数据长度 | 2 | 0004 | 读取 4 路开关量的输入状态位 |
| CRC 码 | 2 | 79C9 | 由主站计算得到 CRC 码 |

表 4-6　从站的响应信息

| 从机响应 | 字节数 | 返回的信息 | 备注 |
| --- | --- | --- | --- |
| 从站地址 | 1 | 01 | 来自从站 01 |
| 功能代码 | 1 | 02 | 读开关量的输入状态 |
| 数据长度 | 1 | 01 | 1B（8bit） |
| 数据内容 | 1 | 0B | DI 寄存器内容，0BH = 0000 1011B 表示 DI4、DI2、DI1 为 ON 状态，DI3 为 OFF 状态 |
| CRC 码 | 2 | E04F | 由从站计算得到 CRC 码 |

## 3. 功能码 03

功能码 03 为多路寄存器输入。例如，主站要读取 1 号从站的起始地址为 0116 的 3 个寄存器数据值,则主站向从站发送的报文数据为 [01 03 0116 0003 E5F3] (表4-7),从站响应主站返回的报文数据为 [01 03 06 1784 1780 178A 5847] (表4-8)。

表4-7 主站的命令信息

| 主机发送 | 字节数 | 发送的信息 | 备注 |
| --- | --- | --- | --- |
| 从站地址 | 1 | 01 | 发送至地址为 01 的从站 |
| 功能码 | 1 | 03 | 读取寄存器 |
| 起始地址 | 2 | 0116 | 起始地址为 0116 |
| 数据长度 | 6 | 0003 | 读取 3 个寄存器(共 6B) |
| CRC 码 | 2 | E5F3 | 由主站计算得到 CRC 码 |

表4-8 从站的响应信息

| 从机响应 | 字节数 | 返回的信息 | 备注 |
| --- | --- | --- | --- |
| 从站地址 | 1 | 01 | 来自从站 01 |
| 功能码 | 1 | 03 | 读取寄存器 |
| 读取字节数 | 1 | 06 | 3 个寄存器共 6B |
| 寄存器数据 1 | 2 | 1784 | 地址为 0116 内存的内容 |
| 寄存器数据 2 | 2 | 1780 | 地址为 0117 内存的内容 |
| 寄存器数据 3 | 2 | 178A | 地址为 0118 内存的内容 |
| CRC 码 | 2 | 5847 | 由从站计算得到 CRC 码 |

4. 功能码 05

功能码 05 为写 1 路开关量输出。例如,地址为 1 号的从站模块开关量输出点 DO1 当前状态为"分",主站要控制该路继电器,使其状态为"合",则发出该强制指令。主站向从站发送的报文数据为 [01 05 0000 FF00 8C3A] (表4-9) 从站响应主站返回的报文格式与主站发送的报文格式及数据内容相同。

表4-9 主站的命令信息

| 主机发送 | 字节数 | 发送信息 | 备注 |
| --- | --- | --- | --- |
| 从站地址 | 1 | 01 | 发送至地址为 01 的从站 |
| 功能码 | 1 | 05 | 写开关量的输出状态 |
| 输出位地址 | 2 | 0000 | 对应输出继电器 BIT 位(DO1) |
| 强制命令 | 2 | FF00 | 控制该路继电器输出位"合"状态位 |
| CRC 码 | 2 | 8C3A | 由主站计算得到的 CRC 码 |

5. 功能码 06

功能码 06 将数值写入单路寄存器。例如,主站要把数据 07D0 保存到 1 号从站地址为 002C 的寄存器中。主站向从站发送的报文数据为 [01 06 002C 07D0 4BAF] (表4-10),从站响应主站返回的报文格式与主站发送的报文格式及数据内容相同。

表 4-10  主站的命令信息

| 主机发送 | 字节数 | 发送信息 | 备注 |
|---|---|---|---|
| 从站地址 | 1 | 01 | 发送地址为 01 的从站 |
| 功能码 | 1 | 06 | 写单路寄存器 |
| 起始地址 | 2 | 002C | 要写入的寄存器地址 |
| 写入数据 | 2 | 07D0 | 对应的新数据 |
| CRC 码 | 2 | 4BAF | 由主站计算得到的 CRC 码 |

6. 功能码 16

功能码 16 将数值写入多路寄存器。主站利用这个功能码把多个数据保存到从站的数据存储器中。Modbus 协议中的寄存器指的是 16 位（即 2B）的，并且高位在前。由于 Modbus 协议允许每次最多保存 60 个寄存器，因此从站一次也最多允许保存 60 个数据寄存器。

例如，主站要把 0012、0506 值保存到 1 号从站地址为 002C、002D 的从站寄存器。主站向从站发送的报文数据为 [01 16 002C 0002 04 0012 0506 FC63]（表 4-11），从站响应主站返回的报文数据为 [01 16 002C 0002 8001]（表 4-12）。

表 4-11  主站的命令信息

| 主站发送 | 字节数 | 发送信息 | 备注 |
|---|---|---|---|
| 从站地址 | 1 | 01 | 发送至从站 01 |
| 功能码 | 1 | 16 | 多路寄存器 |
| 起始地址 | 2 | 002C | 要写入的寄存器的起始地址 |
| 保存数据字长度 | 2 | 0002 | 保存数据的字长度（共两个字） |
| 保存数据字节长 | 1 | 04 | 保存数据的字节长度（共 4B） |
| 保存数据 1 | 2 | 0012 | 数据地址 002C |
| 保存数据 2 | 2 | 0506 | 数据地址 002D |
| CRC 码 | 2 | FC63 | 由主站计算得到的 CRC 码 |

表 4-12  从站的响应信息

| 从站响应 | 字节数 | 返回的信息 | 备注 |
|---|---|---|---|
| 从站地址 | 1 | 01 | 来自从站 01 |
| 功能码 | 1 | 16 | 写多个寄存器 |
| 起始地址 | 2 | 002C | 起始地址为 002C |
| 寄存器总数 | 2 | 0002 | 保存 2B 长度的数据 |
| CRC 码 | 2 | 8001 | 由从站计算得到的 CRC 码 |

# 任务三　Modbus 现场总线通信系统的组建

## 【任务描述】

在 S7-200 PLC 中，Modbus RTU 的通信协议可以通过专用指令实现，PLC 可自动生成响应帧。本任务将介绍 S7-200 PLC 之间的 Modbus RTU 通信系统的组建方法。

## 【任务学习】

### 一、Modbus 协议的安装

Modbus 协议包含在 S7-200 PLC 的编程软件 STEP7 Micro/Win 指令库（Libraries）中。STEP7 Micro/Win 安装了指令库以后，通过指令库中的 Modbus 协议可以打开相应的编程指令，如图 4-2 所示，Modbus 协议的编程指令可将 S7-200 PLC 设定为 Modbus 主站或从站进行工作。

指令库中有针对端口 0 和端口 1 的主站指令库 Modbus Master Port0 和 Modbus Master Port1，也有针对端口 0 的从站指令库 Modbus Slave Port0，故可利用指令库实现 S7-200 PLC 端口 0 的 Modbus RTU 主/从站通信。

西门子 Modbus RTU 协议库支持的常用功能码含义见表 4-13。

图 4-2　Modbus 指令库

表 4-13　西门子 Modbus RTU 协议库支持的常用功能码含义

| 功能码 | 描述 | 说明 |
| --- | --- | --- |
| 01 | 读取单个/多个线圈的实际输出状态 | 返回任意数量输出点的接通/断开状态（Q） |
| 02 | 读取单个/多个线圈的实际输入状态 | 返回任意数量输入点的接通/断开状态（I） |
| 03 | 读取多个保持寄存器 | 返回 V 寄存器的内容，在一个请求中最多可读 120 个字 |
| 04 | 读单个/多个输入寄存器 | 返回模拟输入值 |
| 05 | 写单个线圈（实际输出） | 将实际输出点设置为指定值，用户程序可以重写由 Modbus 请求而写入的值 |
| 06 | 写单个保持寄存器 | 将单个保持寄存器的值写入 S7-200 PLC 的 V 存储器 |
| 15 | 写多个线圈（实际输出） | 写多个实际输出值到 S7-200 PLC 的 Q 映区。起始输出点必须是一个字节的开始（如 Q0.0 或 Q1.0），而且要写的输出数量是 8 的倍数，用户程序可以重写由 Modbus 请求而写入的值 |
| 16 | 写多个保持寄存器 | 将多个保持寄存器写入 S7-200 PLC 的 V 寄存器，在一个请求中最多可写 120 个字 |

使用 Modbus 指令库编写程序需要注意以下几点：

1）使用 Modbus 指令库前，必须将其安装到 STEP7 Micro/Win V3.2 或以上版本的软件中。

2）S7-200 PLC 的 CPU 版本必须为 2.00 或者 2.01（即订货号为 6ES721×~×××230BA

×),1.22 版本之前(包括 1.22 版本)的 CPU 不支持 Modbus 指令库。

3)如果 CPU 端口被设为 Modbus 通信,该端口就无法用于其他任何用途,包括用 STEP7 Micro/Win 软件下载程序。

## 二、Modbus 地址

Modbus 地址由 5 个字符组成,包含数据类型和地址的偏移量,第一个字符用来指出数据类型,后 4 个字符用来选择数据类型内的适当地址。

1. 主站地址

Modbus 主站指令根据地址分类完成相应的功能,并发送至从站设备。Modbus 主站指令支持的通信内容及相应地址如下:

1)00001~09999:离散输出(线圈)。
2)10001~19999:离散输入(触点)。
3)30001~39999:输入寄存器(通常是模拟量输入)。
4)40001~49999:保持寄存器。

所有的 Modbus 地址都是从地址 1 开始编号的。有效地址范围取决于从站设备的参数设置,不同的从站设备将支持不同的数据类型和地址范围。

2. 从站地址

Modbus 从站指令支持的通信内容及相应地址如下:

1)00001~00128:实际输出,对应于 Q0.0~Q15.7。
2)10001~10128:实际输入,对应于 I0.0~I15.7。
3)30001~30032:模拟输入寄存器,对应于 AIW0~AIW62,注意地址为偶数。
4)40001~4××××:保持寄存器,对应于 V 区。

与主站相同,所有的 Modbus 地址都是从地址 1 开始编号的。表 4-14 为 Modbus 地址与从站 S7-200 PLC 地址的对应关系。

表 4-14 Modbus 地址与从站 S7-200 PLC 地址的对应关系

| 序号 | Modbus 地址 | S7-200 PLC 地址 |
| --- | --- | --- |
| 1 | 00001 | Q0.0 |
| | 00002 | Q0.1 |
| | ⋮ | ⋮ |
| | 00127 | Q15.6 |
| | 00128 | Q15.7 |
| 2 | 10001 | I0.0 |
| | 10002 | I0.1 |
| | ⋮ | ⋮ |
| | 10127 | I15.6 |
| | 10128 | I15.7 |
| 3 | 30001 | AIW0 |
| | 30002 | AIW2 |

(续)

| 序号 | Modbus 地址 | S7-200 PLC 地址 |
|---|---|---|
| 3 | ⋮ | ⋮ |
|  | 30031 | AIW60 |
|  | 30032 | AIW62 |
| 4 | 40001 | HoldStart |
|  | 40002 | HoldStart+2 |
|  | ⋮ | ⋮ |
|  | 4×××× | HoldStart+2(××××-1) |

### 三、Modbus 通信的建立

**1. 硬件配置与参数设定**

如图 4-3 所示，Modbus 通信在两个 S7-200 PLC 的 Port0 通信口之间进行。选择具有两个通信口的 CPU 构成通信系统较为方便，一个用作通信口，另一个与计算机连接。在主站侧选择 Port0 或 Port1 作为 Modbus 通信口都可以，这取决于在主站指令库中对相关指令的选择。在这里，Port1 通信口与 PC 连接，便于实现程序编写、下载和在线监控；两个 CPU 的 Port0 通信口通过 PROFIBUS 电缆连接，实现两台 PLC 的 Modbus 通信传输。

对于 Modbus 通信，主站侧需要使用 MBUS_CTRL 和 MBUS_MSG 指令，从站侧需要使用 MBUS_INIT 和 MBUS_SLAVE 指令。

**2. 主站侧 MBUS_CTRL 指令**

MBUS_CTRL 指令符号如图 4-4 所示，其参数及其意义见表 4-15，这些参数可初始化、监视或禁用 Modbus 通信。

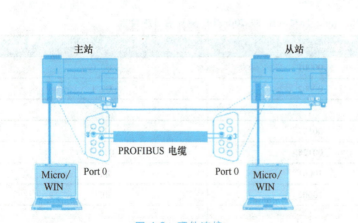
图 4-3 硬件连接

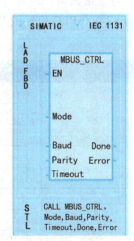
图 4-4 MBUS_CTRL 指令符号

MBUS_CTRL 指令必须在每次扫描且"EN"输入有效时被调用，以允许监视随 MBUS_MSG 指令启动的任何突出消息的进程。指令完成后立即设定"Done"位，才能继续执行下一条指令。在使用 MBUS_MSG 指令之前，必须正确执行 MBUS_CTRL 指令。

表 4-15　MBUS_CTRL 指令的参数及其意义

| 参数 | 意义 | 取值及说明 | 数据类型 |
|---|---|---|---|
| EN | 使能端 | | BOOL |
| Mode | 协议选择 | 0-PPI,1-Modbus | BOOL |
| Baud | 传输速率/(bit/s) | 1200,2400,4800,9600,19200,38400,57600,115200 | DWORD |
| Parity | 校验选择 | 0 代表无校验,1 代表奇校验,2 代表偶校验 | BYTE |
| Timeout | 从站的最长响应时间 | 1~32767ms,典型值是 1000ms(1s);"超时"参数应该设置得足够大,以便从站有时间对所选的波特率应签 | INT |
| Done | 完成标志位 | 若完成输出为 1,否则为 0 | BOOL |
| Error | 错误代码 | Done=1 有效时,0 代表无错误,1 代表奇偶校验选择无效,2 代表波特率选择无效,3 代表超时选择无效,4 代表模式选择无效 | BOOL |

### 3. 主站侧 MBUS_MSG 指令

MBUS_MSG 指令符号如图 4-5 所示,其参数及其意义见表 4-16,用于启动对 Modbus 从站的请求并处理应答。当"EN"输入和"First"输入都为 1 时,MBUS_MSG 指令启动对 Modbus 从站的请求,通常需要多次扫描完成发送请求、等待应答和处理应答。

MBUS_MSG 指令一次只能激活一条,如果启用了多条 MBUS_MSG 指令,则将处理第一条 MBLS_MSG 指令,其后所有的 MBUS_MSG 指令将被中止,并产生错误代码 6。

图 4-5　MBUS_MSG 指令符号

表 4-16　MBUS_MSG 指令的参数及其意义

| 参数 | 意义 | 取值及说明 | 数据类型 |
|---|---|---|---|
| EN | 使能端 | | BOOL |
| First | 读/写请求位 | 在有新请求要发送打开时,进行一次扫描 | BOOL |
| Slave | 从站地址 | 0~247,其中地址 0 是广播地址 | BYTE |
| RW | 读/写 | 0 代表读,1 代表写 | BYTE |
| Addr | 读/写从站的数据地址 | 00000~00128:数字量输出(Q0.0~Q15.7)<br>10001~10128:数字量输入(I0.0~I15.7)<br>30001~30032:模拟量输入(AIW0~AIW62)<br>40001~49999:保持寄存器 | DWORD |
| Count | 位/字的个数 | 地址 0××××:读取/写入的位数<br>地址 1××××:读取的位数<br>地址 3××××:读取的输入寄存器字数<br>地址 4××××:读取/写入的保持寄存器字数 | INT |

(续)

| 参数 | 意义 | 取值及说明 | 数据类型 |
|---|---|---|---|
| DataPtr | V 存储器起始地址指针 | 对于读取请求，DataPtr 指向用于存储从 Modbus 从站读取的数据的第一个 CPU 存储器位置，对于写入请求，DataPtr 指向要发送到 Modbus 从站的数据的第一个 CPU 储存器位置 | DWORD |
| Done | 完成标志位 | 完成输出在发送请求和接收应答时关闭，应答完成或 MBUS_MSG 指令因错误而终止时打开 | BOOL |
| Error | 错误代码 | 0 代表无错误<br>1 代表应答时奇偶校验错误<br>2 代表未使用<br>3 代表接受超时<br>4 代表请求参数出错<br>5 代表 Modbus 主设备未启用<br>6 代表 Modbus 忙于处理另一个请求 | BYTE |

**4. 从站侧 MBUS_INIT 指令**

MBUS_INIT 指令符号如图 4-6 所示，其参数及其意义见表 4-17，用于启用、初始化或禁止 Modbus 通信。指令完成后立即设定"Done"位，才能继续执行下一条指令。应在每次通信状态改变时执行 MBUS_INIT 指令，因此"EN"输入在一个上升沿或下降沿时打开，或者仅在首次扫描时执行。在使用 MBUS_SLAVE 指令之前，必须正确执行 MBUS_INIT 指令。

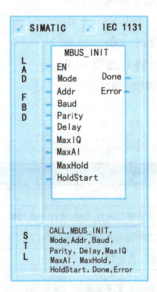

图 4-6　MBUS_INIT 指令符号

表 4-17　MBUS_INIT 指令的参数及其意义

| 参数 | 意义 | 取值及说明 | 数据类型 |
|---|---|---|---|
| EN | 使能 |  | BOOL |
| Mode | 接口通信模式选择 | 0 代表 PPI，1 代表 Modbus | BOOL |

（续）

| 参数 | 意义 | 取值及说明 | 数据类型 |
|---|---|---|---|
| Baud | 传输速率/（bit/s） | 1200,2400,4800,9600,19200,38400,57600,115200 | DWORD |
| Addr | 从站地址 | 1~247 | BYTE |
| Parity | 奇偶校验设定 | 0代表无校验,1代表奇校验,2代表偶检验 | BYTE |
| Delay | 报文延迟时间 | 0~32760ms,默认值为0 | WORD |
| MaxIQ | 可使用的最大数字输入/输出点数 | 0~128,建议使用的MaxIQ数值是128,该数值可在S7-200 PLC中存取所有的I点和Q点 | WORD |
| MaxAI | 可使用的最大模拟量输入字数 | 参与通信的最大AI通道数,可为16或32 | WORD |
| MaxHold | 最大保持型变量寄存器的起始地址 | 例如,为了允许主设备存取2000B的V存储器,将MaxHold设为1000个字的数值(保持寄存器) | WORD |
| HoldStart | 保持型变量寄存器的起始地址 | 该数值一般被设为VB0,因此HoldStart参数被设为&VB0(VB0地址) | WORD |
| Done | 初始化完成标志 | 初始化成功后置位1 | BOOL |
| Error | 错误代码 | 0代表无错误<br>1代表内存范围错误<br>⋮<br>10代表从属功能未启用 | BYTE |

**5. 从站侧MBUS_SLAVE指令**

MBUS_SLAVE指令符号如图4-7所示,其参数及其意义见表4-18,这些参数用于为Modbus主设备发出请求服务。在每次扫描且"EN"输入有效时执行该指令,以便检查和回答Modbus请求。MBUS_SLAVE指令无输入参数,当MBUS_SLAVE指令对Modbus请求做出应答时,"Done"置为1;如果没有需要服务的请求,则"Done"置为0。"Error"输出包含执行指令的结果,该输出只有在"Done"为1时才有效,否则错误参数不会改变。

图4-7  MBUS_SLAVE指令符号

表4-18  MBUS_SLAVE指令的参数及其意义

| 参数 | 意义 | 备注 | 数据格式 |
|---|---|---|---|
| EN | 使能 |  | BOOL |
| Done | 完成标志位 | Modbus执行通信时置1,无Modbus通信活动时为0 | BOOL |
| Error | 错误代码 | 0代表无错误<br>1代表内存范围错误<br>⋮<br>10代表从属功能未启用 | BYTE |

## 【任务实施】

这里进行具体的 Modbus 通信实操。

Modbus 通信
实操演示

### 1. 控制要求

两台 CPU 224 XP CN DC/DC/DC 的 S7-200 PLC 进行 Modbus 通信,其中一台作为主站,另一台作为 Modbus 从站,当主站 I0.1 为 ON 时,主站向从站发送信息,并使从站的输出 Q0.0~Q0.7 随主站 &VB1000 的值变化。

### 2. 操作步骤

1)参考图 4-3 进行硬件连接。

2)编写程序。

① 编写作为 Modbus 主站的 S7-200 PLC 程序,将程序下载到主站 PLC 中,主站程序如图 4-8 所示。

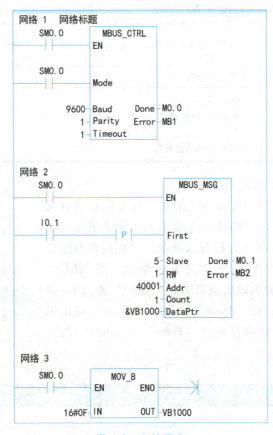

图 4-8 主站程序

主站程序说明如下:

网络 1 在每次扫描时调用 MBUS_CTRL 指令,以初始化和监视 Modbus 主站设备。Modbus 主设备设置为 9600bit/s、奇校验、允许从站延时 1ms 应答时间。

网络 2 实现在 I0.1 正跳变时执行 MBUS_MSG 指令,将地址 VB1000 的值写入从站 5 的保持寄存器中。参数 "DataPtr" 代表了 V 寄存器被读的起始地址,设为 VB1000,即主站读取 VB1000 的值并写入地址为"40001"的保持寄存器中。保持寄存器以字为单位,与从站的 V 寄存器地址相对应。

网络 3 给 VB1000 存储器赋初值,使其低 4 位为 1,以便监视从站的变化。

② 编写作为 Modbus 从站的 S7-200 PLC 的程序,将程序下载到从站 PLC 中,从站程序如图 4-9 所示。

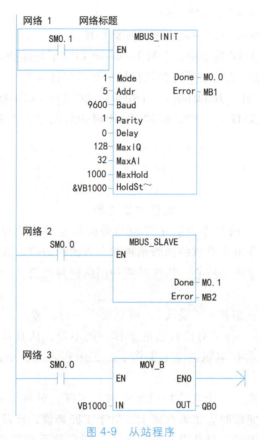

图 4-9 从站程序

从站程序说明如下:

网络 1 用于初始化 Modbus 从站,即将从站地址设为 5,将端口 0 的波特率设为 9600bit/s,奇校验、延迟时间为 0;MaxIQ 取值 128、MaxAI 取值 32,表明允许存取所有的 I、Q 和 AI 数值;可以使用的 V 寄存器地址字数设为 1000,起始地址为 VB1000,即主站的保持寄存器 40001 的值写入从站的 &VB1000 中。

网络 2 用于在每次扫描时执行 MBUS_SLAVE 指令,以便响应主站报文。

网络 3 将主站传给从站的值传给 QB0,使输出 Q0.0~Q0.7 受主站的控制,满足控制要求。

需要注意的是,利用指令库编程应为其分配存储区,否则 STEP7 Micro/Win 编译时会报错。

3. 调试

1)用串口电缆连接 Modbus 主从站 PLC 的 Port0。

库存储区的分配

2)将主从站 PLC 设置为 Run 状态。

3)将主站 I0.1 的开关闭合,使其状态为 ON。

4)利用 STEP7 Micro/Win 状态表在线监控从站 QB0 的数值。

4. 操作要点

1)必须保证主站与从站的 Baud 和 Parity 的参数一致,而且 MBUS_MSG 指令中的 Slave 参数要与 MBUS_INIT 中的 Addr 参数一致。

2)注意在 STEP7 Micro/Win 中定义库的存储地址。

3)在从站的 MBUS_INIT 指令中,参数 HoldStart 确定了与保持寄存器起始地址 40001 相对应的 V 寄存器初始地址。从站的 V 寄存器目标指针可以计算为

$$2\times(Addr-40001)+HoldStart=2\times(40001-40001)+\&VB1000=\&VB1000$$

4)在从站的 MBUS_INIT 指令中,参数 MaxHold 设置的数据区要能够包含主站侧要写入的全部数据。

【素质教育】

### 新时代"工匠精神"

新时代"工匠精神"的基本内涵主要包括爱岗敬业的职业精神、精益求精的品质、协作共进的团队精神以及追求卓越的创新精神四个方面的内容。其中,爱岗敬业的职业精神是根本,精益求精的品质是核心,协作共进的团队精神是要义,追求卓越的创新精神是灵魂。

弘扬爱岗敬业的职业精神。"爱岗",就是要干一行,爱一行,热爱本职工作。"敬业",就是要钻一行,精一行,对待自己的工作一丝不苟,认真负责。很多获得"工匠"和"劳模"称号的工人都在本职岗位上工作了二三十年之久,干出了一番事业,他们都是爱岗敬业的典范。

弘扬精益求精的品质。一个人之所以能够成为工匠,就在于他对自己产品品质的追求,只有进行时,没有完成时,永远在路上。对于工匠来说,产品的品质只有更好,没有最好。追求极致、精益求精,是获得各类"工匠"荣誉称号的工人的共同特点。

弘扬协作共进的团队精神。和传统工匠不同,新时代工匠的生产方式多为团队合作。团队需要的是协作共进,而不是各自为战。因此,协作共进的团队精神是新时代"工匠精神"的要义。

弘扬追求卓越的创新精神。传统的"工匠精神"强调的是继承,而新时代的"工匠精神"强调的则是在继承基础上的创新。只有在继承的基础上勇于创新,才能跟上时代步伐,推动产品的升级换代,满足社会发展和人们日益增长的对美好生活的需要。

【项目报告】

| 班级 | | 姓名 | | 学号 | |
|---|---|---|---|---|---|
| 指导教师 | | | 时间 | | 年 月 日 |
| 课程名称 | | 工业网络与组态技术 | | | |

(续)

| 项目四 | Modbus 现场总线技术应用 |
|---|---|
| 学习目标 | 了解 Modbus 现场总线的概念,掌握 Modbus RTU 通信,掌握 Modbus 现场总线控制系统的构建方法。通过 Modbus 现场总线的学习,学生应能够完成较简单的 Modbus 现场总线控制系统的构建。 |
| 任务一 | Modbus 现场总线概述 |
| 回答问题 | 1. 总结 Modbus 现场总线的通信原理。<br><br>2. 简要概括 Modbus 的传输模式。 |
| 任务二 | Modbus RTU 通信 |
| 回答问题 | 1. Modbus RTU 信息帧的报文格式是什么样的?<br><br>2. 举例说明功能码 01 的作用。 |
| 任务三 | Modbus 现场总线通信系统的组建 |
| 实训目的 | 1. 了解 Modbus RTU 通信方式的工作原理。<br>2. 熟悉 S7-200 PLC 之间 Modbus 通信时主从站编写程序的通信格式及编程方法。 |
| 实训内容 | 两台 S7-200 PLC 进行 Modbus 通信,其中一台作为主站,另一台作为 Modbus 从站,当主向 I0.1 为 ON 时,主站向从站发送信息,并使从站的输出 Q0.0 ~ Q0.7 随主站 &VB1000 的值变化。 |

(续)

| | |
|---|---|
| 程序编写 | |
| 本项目学习总结 | |

## 【项目评价】

项目四：Modbus 现场总线技术应用

基本素养（30 分）

| 序号 | 内容 | 自评 | 互评 | 师评 |
|---|---|---|---|---|
| 1 | 纪律（10 分） | | | |
| 2 | 安全操作（10 分） | | | |
| 3 | 交流沟通（5 分） | | | |
| 4 | 团队协作（5 分） | | | |

理论知识（30 分）

| 序号 | 内容 | 自评 | 互评 | 师评 |
|---|---|---|---|---|
| 1 | Modbus 现场总线的通信原理（10 分） | | | |
| 2 | Modbus 的传输模式（10 分） | | | |
| 3 | Modbus 地址（10 分） | | | |

操作技能（40 分）

| 序号 | 内容 | 自评 | 互评 | 师评 |
|---|---|---|---|---|
| 1 | 主站侧"MBUS_MSG"指令（8 分） | | | |
| 2 | 主站侧"MBUS_CTRL"指令（8 分） | | | |
| 3 | 从站侧"MBUS_SLAVE"指令（8 分） | | | |
| 4 | 从站侧"MBUS_INIT"指令（8 分） | | | |
| 5 | Modbus 现场总线通信系统的组建（8 分） | | | |

# 项目五 CC-Link现场总线技术应用

## 知识目标
- 了解 CC-Link 现场总线的发展、特点及应用范围
- 掌握 CC-Link 现场总线系统中通信模块的分类及作用
- 掌握 CC-Link 现场总线系统的通信原理
- 掌握 CC-Link 现场总线通信系统的构建方法

## 能力目标
- 能够理解 CC-Link 现场总线的通信原理
- 能够完成较简单的 CC-Link 现场总线通信系统的构建

## 素养目标
- 树立学习报国的信念，具有克服困难的勇气和决心
- 具有品牌意识，掌握先进技术

## 【问题引入】

CC-Link 是 Control & Communication Link（控制与通信链路系统）的简称，是三菱电机 20 世纪 90 年代推出的开放式现场总线。这是目前在世界现场总线市场上唯一的起源于亚洲、又占有一定市场份额的现场总线。CC-Link 现场总线具有性能卓越、应用广泛、使用简单、成本低等突出优点。它在实际工程中显示出强大的生命力，特别是在制造业得到了广泛的应用。2009 年 3 月，CC-Link 现场总线正式成为我国国家推荐性标准 GB/T 19760—2008，于 2009 年 6 月 1 日起实施。

## 【学习导航】

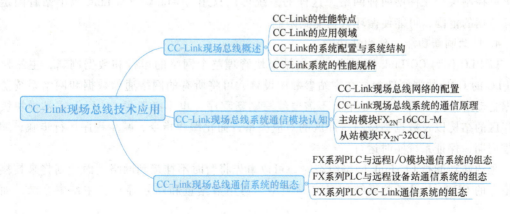

# 任务一　CC-Link 现场总线概述

## 【任务描述】

CC-Link 现场总线是在 1996 年 11 月以三菱电机公司为主导的，多家公司以"多厂家设备环境、高性能、省配线"理念开发并公布的第二代开放式现场总线。CC-Link 现场总线使用简单，一经推出就得到了用户的青睐，并得到了越来越广泛的应用。本任务将介绍 CC-Link 的性能特点、应用领域、系统配置与系统结构及系统的性能规格等内容。

## 【任务学习】

### 一、CC-Link 的性能特点

1. 高速度、大容量的数据传送

CC-Link 的通信速度可在 156kbit/s~10Mbit/s 间进行选择，其总长度由最高通信速度决定。稳定快速的通信速度是 CC-Link 的最大优势。CC-Link 有足够卓越的性能应用于大范围的系统。当通信速度为 10Mbit/s 时，最大通信距离为 100m；当通信速度为 156kbit/s 时，最大通信距离为 1200m。如果应用中继器，还可以扩展网络的总长度。通信电缆的长度可以延长到 13.2km。CC-Link 的高速度、大容量以及较多的节点数和较长的网络传输距离能够满足不同的应用需求。

2. 多种拓扑结构

拓扑结构有多点接入、T 形分支和星形结构 3 种类型，利用电缆及连接器能将 CC-Link 元件接入任何机器和系统。

3. CC-Link 使分布控制成为现实

CC-Link 同样用于低价的中间控制层网络。所有的本地站和智能站可以访问循环数据，如到达从站或来自从站的 RX、RY、RWr、RWw，但不可改变数据。使用这些循环数据可以保证高速的应答和稳定的刷新时间，使中间控制通信、中央控制系统变成现实。有些应用中要求有控制层和元件层两种网络，这样的系统可以只用 CC-Link。CC-Link 每个站有固定的循环数据的范围，可能使循环数据受到限制。

4. 自动刷新功能、预约站功能

以 PLC 作为 CC-Link 的主站，由主站模块管理整个网络的运行和数据刷新，主站模块与 PLC 的 CPU 数据刷新参数在主站参数中设置，可将所有的网络通信数据和网络系统监视数据自动刷新到 PLC 的 CPU 中，不需要编写刷新程序，也不必考虑 CC-Link 主站模块缓冲寄存区的结构以及数据类型与缓冲区的对应关系，简化编程指令，减少程序运行步骤，缩短扫描周期，保证系统实时运行。

预约站功能指 CC-Link 网络组态时，可以事先将暂时不挂接到网络上而计划将来挂接到网络上的 CC-Link 设备的系统信息（站类型、占用数据量和站号等）在主站中登录，而且可以将相关程序编写好，这些预约站挂接到网络中以后，便可以自动投入运行，不需要重新进行网络组态。在预约站没有挂接到网络中时，CC-Link 同样可以正常运行。

5. 完善的 RAS 功能

RAS 是 Reliability（可靠性）、Availability（有效性）和 Serviceability（可维护性）的缩写。CC-Link 具有备用主站功能、在线更换功能、通信自动恢复功能、网络监视功能和网络诊断功能，为用户提供了一个可以信赖的网络系统，可帮助用户在最短的时间内恢复网络系统。

6. 优异的抗噪性能和兼容性

为了保证良好的兼容性，一致性测试是非常重要的。通常只是对接口部分进行测试。而且，CC-Link 的一致性测试程序包含了噪声测试。因此，所有 CC-Link 的兼容产品具有高水平的抗噪性能。除了产品本身具有卓越的抗噪性能，光缆中继器为网络系统提供了更加可靠、稳定的抗噪能力。

7. 互操作性和即插即用

CC-Link 为合作厂商提供了描述每种类型产品的数据配置文档，这种文档称为内存映射表，用来定义控制信号和数据的存储单元（地址）。合作厂商可按照这种映射表的规定进行 CC-Link 兼容性产品的开发工作。以模拟量 I/O 映射表为例，在映射表中位数据 RX0 被定义为读准备好信号，字数据 RWr0 被定义为模拟量数据。由不同企业生产的同样类型的产品，在数据的配置上是完全一样的，用户根本不需要考虑在编程和使用上的区别。如果用户换用同类型的不同公司的产品，程序基本不用修改。另外，CC-Link 还可实现"即插即用"连接设备。

8. 循环通信与瞬时传送

CC-Link 的通信可分为两种方式：循环通信和瞬时传送。

（1）循环通信　循环通信主要采用广播-轮询的方式进行通信。主站将刷新的数据（RY/RW）发送到所有站，与此同时，轮询从站 1；从站 1 对主站的轮询做出响应（RX/RWr），同时将该响应告知其他从站；然后主站轮询从站 2（此时并不发送刷新数据），从站 2 给出响应，并将该响应告知其他站。以此类推，循环往复。循环通信的数据传输率非常高，最多可发送 2048bit 和 512 字。

（2）瞬时传送　瞬时传送采用专用指令实现一对一的通信。这种通信方式适用于循环通信的数据量不够，或需要传送比较大的数据（最大 960B）的场合。

## 二、CC-Link 的应用领域

CC-Link 的应用领域很广，包括半导体、电子、汽车、纺织、水处理、楼宇自动化、医药、冰箱、空调、立体仓库、机械设备制造、机场、化学、食品、搬运、印刷和烟草等行业。

CC-Link 总线的应用

1. 汽车组装生产线

汽车组装生产线用 CC-Link 现场总线可以节省配线，系统用 CC-Link 连接机器人、伺服、变频器和指示设备。在旧的系统中，这些设备采用并行的电缆连接，在 PLC 和变频器之间需要大量的并行电缆，需要花费大量的接线时间，而且在接线过程中极易出现错误。另外，在变频器和电动机之间需要又粗又长且较昂贵的电源电缆。CC-Link 可以帮助用户节省接线时间并减少接线中的错误，因为 CC-Link 只需要用串行电缆连接 PLC 和变频器，不需要大量的电缆。变频器可以放置在电动机附近，可以大幅减少变频器和电动机之间电源电缆的长度。

2. 电气设备生产线

电气设备生产线应用 CC-Link 可以节省安装空间。监视和操作变频器可通过 CC-Link 用人机界面实现，而在旧设备中，需要用控制盘和电源盘实现。在此系统中，变频器安装在电动机附近，所以在 CC-Link 系统中电源盘是不必要的，用户可以节省 60% 的安装空间。

3. 机电一体化设备

机电一体化设备中使用 CC-Link 可实现分布式控制。CC-Link 可以用于内部控制网络。用户可以将 PLC 安装在线上的任意位置，并独立地对每台 PLC 进行编程和调试，最后只需要调试各 PLC 之间的连接信号即可，使系统程序的调试变得非常简单。如果用户想改变一些设备或添加一些设备，只需要改变应用程序即可达到目的。

4. 半导体行业

CC-Link 是高性能、稳定的循环通信系统，能够快速准确地接收和发送实时监视必要的处理数据。换句话说，CC-Link 是一种传感器、执行器网络，使实时监控的实时处理控制成为现实。更多的分布式控制系统可以采用 CC-Link 实现。通常由 1 个主站控制所有的子站，如果用 3 个主站实现控制，每个块包含一些子站，可以独立安装，总共可节省 60% 的启动时间。

5. 空调系统

CC-Link 在地铁空调系统中得到了广泛的应用。实现对分布在地铁车站长达几百米的设备的准确控制是非常重要的，CC-Link 使用的双绞线最大距离可达到 1200m，如果使用中继器，可将电缆总长度延伸到 7600m。每台设备的内存映射关系由内存映射表明确规定，模拟量 I/O 模块内存的第一个地址表示模拟量转换出的数字量的值。在内存映射表中，如果其他供应商的设备要求预留出空间，由于内存分配的方法是相同的，用户可以用同样的映射表很方便地完成程序编写和调试。在这个系统中，PLC 是主站，控制从设备的开关量 I/O 模块、模拟量 I/O 模块等，CC-Link 长距离的连接能够将地铁上广泛分布的空调系统紧密地联系起来。内存映射表可以节省大约 50% 的接线工作。

## 三、CC-Link 的系统配置与系统结构

1. CC-Link 的系统配置

CC-Link 的系统配置如图 5-1 所示，CC-Link 系统必须至少有一个主站，实现对 CC-Link 的网络控制。从站是 CC-Link 网络现场输入/输出数据的采集、控制和传输的通道，可以是远程 I/O 站、远程设备站、智能设备站或本地站。

CC-Link 系统中站的类型

（1）主站　主站安装在基板上，管理、控制整个 CC-Link 系统，通过网络模块与从站进行数据通信。主站的 PLC 类型不同，使用的网络模块也不同。

（2）本地站　本地站安装在基板上，与主站或其他本地站进行通信，本地站的网络模块与主站的网络模块相同，主站、本地站的选择由参数设置决定。

（3）远程站　远程站是指 I/O 模块、特殊功能模块及其他设备。远程站又分为远程 I/O 站（I/O 模块）和远程设备站（如特殊功能模块、变频器或带从站模块的 PLC 等）。

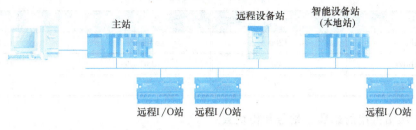

图 5-1　CC-Link 的系统配置

（4）智能设备站　智能设备站是能够通过瞬时传送或信息传送来执行数据通信的站，如 RS-232C 接口模块、显示器等。

2. CC-Link 的系统结构

一般情况下，CC-Link 系统网络由 1 个主站和 64 个从站组成，网络中的主站由三菱 FX 系列以上的 PLC 和计算机担当，从站可以是远程 I/O 模块、特殊功能模块、带有 CPU 的 PLC 本地站、人机界面和变频器等智能现场设备，整个系统通过屏蔽双绞线连接。

远程 I/O 站和远程设备站可与主站连接，其中远程 I/O 站仅处理位信息，而远程设备站可以处理位信息，也可以处理字信息。

CC-Link 系统是通过专用的通信模块和电缆将分散的 I/O 模块及特殊功能模块、智能设备等连接起来的，并通过主站 PLC 的 CPU 来控制和协调这些模块的工作，将每个模块分散到被控设备现场。在传输线路两端的站上还需要连接终端电阻，以防止线路终端的信号反射。CC-Link 提供了 110Ω 和 130Ω 两种终端电阻。当使用 CC-Link 专用电缆时，终端站选用 110Ω 电阻；当使用 CC-Link 专用高性能电缆时，终端站选用 130Ω 电阻。CC-Link 的系统结构如图 5-2 所示。

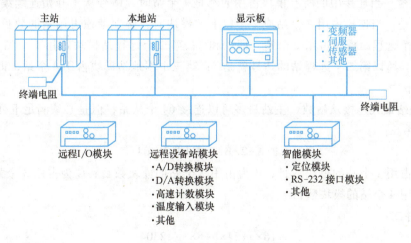

图 5-2　CC-Link 的系统结构

## 四、CC-Link 系统的性能规格

1. 传输速率

CC-Link 系统网络的最大传输距离与相应的传输速率有关，它们之间的关系见表 5-1。

表 5-1 传输速率与最大传输距离之间的关系

| 传输速率 | 最大传输距离/m | 传输速率 | 最大传输距离/m |
| --- | --- | --- | --- |
| 156kbit/s | 1200 | 5Mbit/s | 160 |
| 625kbit/s | 900 | 10Mbit/s | 100 |
| 2.5Mbit/s | 400 | | |

2. 站、从站占用的站数、站号和模块数

站是指在 CC-Link 中，通过 CC-Link 连接的模块，站号范围为 0~64。1 个从站占用的站数不能超过 4 个。模块数是指物理连接中的模块数目，站数是指模块所占用的站数，例如，图 5-3 中第 5 个模块的站号为 9，占用 1 个站。

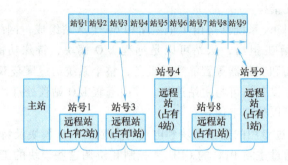

如何理解从站占用的站数、站号和模块数

图 5-3 CC-Link 网络的系统结构配置

（1）占用的站数 远程 I/O 站、远程设备站和本地站占用的站数是预先定义好的，但 1 个本地站可以设置 1~4 个站。

（2）站号 当连接中的所有模块占用的都是 1 个站时，站号从 1 开始连续编号（1，2，3，…）。但是，当连接占用 2 个站或 2 个以上的模块时，必须考虑占用站的数目。如图 5-3 所示，第一个远程站模块占用 2 个站，即 1 和 2；第二个远程站模块占用 1 个站，就要从 3 号开始编号，所以第二个远程站的站号就是 3；第三个本地站模块占用 4 个站，即 4、5、6、7 依次排列下去。

（3）主站最大连接从站数 主站最多可以连接 64 个从站，但是必须满足下列条件。

1）条件一：

$$1×A+2×B+3×C+4×D<64$$

式中，A 为占用 1 个站的模块数目；B 为占用 2 个站的模块数目；C 为占用 3 个站的模块数目；D 为占用 4 个站的模块数目。

2）条件二：

$$16×a+54×b+88×c<2304$$

式中，a 为远程 I/O 站的数目，a<64；b 为远程设备站的数目，b<42；c 为本地站、备用主站或智能设备站的数目，c<26。

（4）每个系统的最大连接点数

1）远程 I/O 站（RX、RY）：32 点（本地站 30 点）。

2）远程寄存器（RWw）：256 点（主站→远程设备站/本地站/智能设备站/备用主站）。

3）远程寄存器（RWr）：256 点（远程设备站/本地站/智能设备站/备用主站→主站）。
（5）从站连接的点数
1）远程 I/O 站（RX、RY）：2048 点。
2）远程寄存器（RWw）：4 点（主站→远程设备站/本地站/智能设备站/备用主站）。
3）远程寄存器（RWr）：4 点（远程设备站/本地站/智能设备站/备用主站→主站）。

# 任务二　CC-Link 现场总线系统通信模块认知

## 【任务描述】

FX 系列 PLC 本身没有 CC-Link 接口，一个 FX 系列 PLC 要成为 CC-Link 的主站必须配备 $FX_{2N}$-16CCL-M 模块，它是一个特殊扩展模块，它将与其相连的 PLC 作为 CC-Link 系统的主站。同样，FX 系列 PLC 要成为 CC-Link 现场总线上的从站，需要另一个称为 $FX_{2N}$-32CCL 的特殊扩展模块。$FX_{2N}$-32CCL 是将 PLC 连入 CC-Link 网络的接口模块，可连接 FX 系列的小型 PLC，作为远程设备站，形成总线控制系统。因此，掌握 CC-Link 现场总线系统的通信模块的相关知识对于组建 CC-Link 现场总线控制系统十分关键。

## 【任务学习】

### 一、CC-Link 现场总线网络的配置

CC-Link 的底层通信协议遵循 RS-485，采用主从通信方式。一个 CC-Link 系统必须有且只能有一个主站，主站负责控制整个网络的运行。但为防止主站出现故障而导致整个系统瘫痪，CC-Link 可以设置备用主站，即当主站出现故障时，系统可自动切换到备用主站上。

三菱常用的网络模块有 CC-Link 通信模块 $FX_{2N}$-16CCL-M、$FX_{2N}$-32CCL，CC-Link/LT 通信模块 $FX_{2N}$-64CL-M，CC-Link 远程 I/O 链接模块 $FX_{2N}$-16Link-M 和 AS-i 网络模块 $FX_{2N}$-32ASI-M 等。

$FX_{2N}$-16CCL-M 是特殊扩展模块，它将与其相连的 FX 系列 PLC 作为 CC-Link 的主站，在整个网络中用于控制数据链接系统；$FX_{2N}$-32CCL 是将 PLC 连入 CC-Link 网络的接口模块，可连接 FX 系列的小型 PLC 作为远程设备站，从而形成简单的分散系统。

当 FX 系列 PLC 作为主站单元时，只能以 $FX_{2N}$-16CCL-M 作为主站通信模块。整个网络最多可连接 7 个远程 I/O 站和 8 个远程设备站。其中，每个远程 I/O 站占用 32 个点，主站模块占用 8 个点，则 PLC 主站、$FX_{2N}$-16CCL-M 模块及远程 I/O 站占用的总点数为 16+8+32×7＝248。由于 FX 系列 PLC 扩展的总点数≤256 点，因此还可最多增加 8 个 I/O 点或相当于 8 个点的特殊模块。如果是远程设备站，则可在不考虑远程 I/O 点数量的情况下最多连接 8 个站。CC-Link 现场总线网络的最大连接配置如图 5-4 所示。

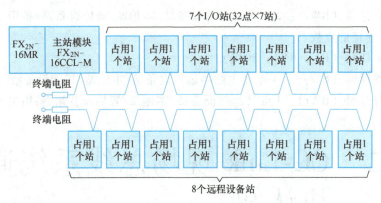

图 5-4 CC-Link 现场总线网络的最大连接配置

## 二、CC-Link 现场总线系统的通信原理

### 1. 与远程 I/O 站的通信

用远程输入（RX）和远程输出（RY）进行通信，实现开关信号的 ON/OFF 和指示灯的 ON/OFF 状态。远程输入（RX）和远程输出（RY）被分配到 $FX_{2N}$-16CCL-M 中的缓冲寄存器，如图 5-5 所示。

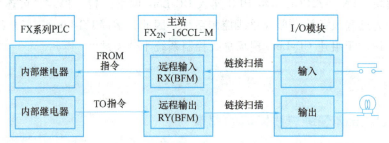

图 5-5 与远程 I/O 站的通信示意图

### 2. 与远程设备站的通信

远程设备站不仅要处理位数据，还要处理字数据。位数据是使用远程输入（RX）和远程输出（RY）与远程设备站进行通信的。字数据是通过使用远程寄存器（RWw 和 RWr）实现通信的。远程输入（RX）、远程输出（RY）和远程寄存器（RWw 和 RWr）被分配到 $FX_{2N}$-16CCL-M 中的缓冲寄存器（BFM），如图 5-6 所示。

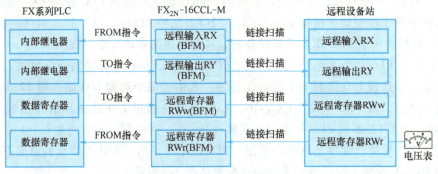

图 5-6 与远程设备站的通信示意图

## 三、主站模块 FX$_{2N}$-16CCL-M

**1. FX$_{2N}$-16CCL-M 模块的结构**

FX$_{2N}$-16CCL-M 主站模块及顶盖内部结构如图 5-7 所示，各个部分的介绍如下。

主站模块的结构

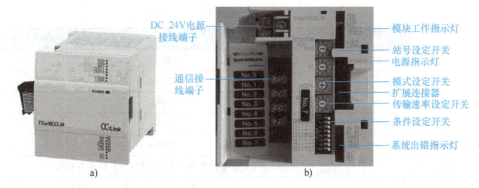

图 5-7 主站模块及顶盖内部结构

（1）模块工作指示灯　各模块工作指示灯的作用见表 5-2。

表 5-2　模块工作指示灯的作用

| 名称 | LED 名称 | 描述 | LED 状态 | |
|---|---|---|---|---|
| | | | 正常 | 出错 |
| LED 指示灯 1 | RUN | ON：模块正常工作<br>OFF：看门狗定时器出错 | ON | OFF |
| | ERR | 表示通过参数设置的站的通信状态<br>ON：通信错误出现在所有站<br>闪烁：通信错误出现在某些站 | OFF | ON 或者闪烁 |
| | MST | ON：设置为主站 | ON | OFF |
| | TEST1 | 测试结果指示 | OFF（除了测试过程中） | |
| | TEST2 | 测试结果指示 | | |
| | L RUN | ON：数据链接开始执行（主站） | ON | OFF |
| | L ERR | ON：出现通信错误（主站）<br>闪烁：开关(4)~(7)的设置在电源为 ON 的时候被更改 | OFF | ON 或者闪烁 |

（2）电源指示灯　模块由外部 DC 24V 电源供电，电源正常时指示灯亮。

（3）系统出错指示灯　系统出错指示灯的作用见表 5-3。

表 5-3　系统出错指示灯的作用

| LED 指示灯 2 | | | | |
|---|---|---|---|---|
| SW<br>M/S<br>PRM<br>TIME<br>LINE<br>SD<br>RD | ERROR | SW | ON：开关设定出错 | OFF | ON |
| | | M/S | ON：主站在同一条线上已出现 | OFF | ON |
| | | PRM | ON：参数设定出错 | OFF | ON |
| | | TIME | ON：数据链接看门狗定时器启动（所有站出错） | OFF | ON |
| | | LINE | ON：电缆损坏或者传输线路收到噪声干扰等 | OFF | ON |
| | SD | ON：数据已经被传送 | ON | OFF |
| | RD | ON：数据已经被接收 | ON | OFF |

（4）站号设定开关  "00"为 $FX_{2N}$-16CCL-M 模块专用，如果设置为"65"或者更大的数值，则"SW"和"L ERR"指示灯为 ON。

（5）模式设定开关  其中"0"表示在线，"1"表示不可用，"2"表示离线，"3、4"表示测试，"5"表示参数确认测试，"6"表示硬件测试，"7~F"表示不可用。

（6）传输速率设定开关  开关值与传输速率的对应关系见表 5-4。

表 5-4  开关值与传输速率的对应关系

| | 序号 | 设定内容 |
|---|---|---|
| 传输速度设定 | 0 | 156kbit/s |
| | 1 | 625kbit/s |
| | 2 | 2.5Mbit/s |
| | 3 | 5Mbit/s |
| | 4 | 10Mbit/s |
| | 5 | 设定出错（SW 和 L EER,LED 指示灯变为 ON） |
| | 6 | 设定出错（SW 和 L EER,LED 指示灯变为 ON） |
| | 7 | 设定出错（SW 和 L EER,LED 指示灯变为 ON） |
| | 8 | 设定出错（SW 和 L EER,LED 指示灯变为 ON） |
| | 9 | 设定出错（SW 和 L EER,LED 指示灯变为 ON） |

（7）条件设定开关  其设定情况见表 5-5。

表 5-5  条件设定开关 SW 状态描述

| 名称 | 描述 | | | |
|---|---|---|---|---|
| 条件设定开关 | 设置运行条件（出厂默认设定为全 OFF） | | | |
| | 序号 | 设定描述 | 开关状态 | |
| | | | ON | OFF |
| | SW1 | （不可用） | | 常 OFF |
| | SW2 | （不可用） | | 常 OFF |
| | SW3 | （不可用） | | 常 OFF |
| | SW4 | 数据链接有错误站的输入数据状态 | 保持（HLD） | 清除（CLR） |
| | SW5 | （不可用） | | 常 OFF |
| | SW6 | （不可用） | | 常 OFF |
| | SW7 | （不可用） | | 常 OFF |
| | SW8 | （不可用） | | 常 OFF |

（8）通信接线端子  采用 CC-Link 专用电缆实现数据的链接，其中终端的 SLD 和 FG 在内部已经连接。

（9）DC 24V 电源接线端子

（10）扩展连接器  扩展连接器用于连接扩展模块。

## 2. FX$_{2N}$-16CCL-M 模块的接线

FX$_{2N}$-16CCL-M 模块的电源供电方式如图 5-8 所示,外部接线如图 5-9 所示。

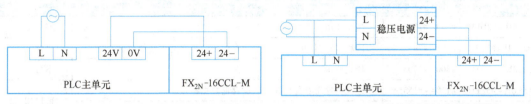

a) FX$_{2N}$-16CCL-M 模块的电源由 PLC 的主单元供给　　b) FX$_{2N}$-16CCL-M 模块的电源由外部电源供给

图 5-8　FX$_{2N}$-16CCL-M 模块的供电方式

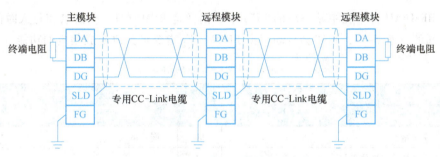

图 5-9　FX$_{2N}$-16CCL-M 模块的外部接线

## 3. FX$_{2N}$-16CCL-M 模块的缓冲寄存器

FX$_{2N}$-16CCL-M 模块和 PLC 之间采用缓冲寄存器进行数据交换,使用 FROM/TO 指令进行数据的读/写。当电源断开时,缓冲存储器的内容会恢复到默认值。

（1）缓冲存储器　在主站模块中,各个缓冲寄存器（BFM）的相关信息见表 5-6,其中"读/写"是相对于主站 CPU 而言的。

表 5-6　主站模块的 BFM

| BFM 编号 | | 内容 | 描述 | 读/写特性 |
| --- | --- | --- | --- | --- |
| Hex. | Dec. | | | |
| #0H~#9H | #0~#9 | 参数信息区域 | 存储数据参数,进行数据链接 | 可以读/写 |
| #AH~#BH | #10~#11 | I/O 信号 | 控制主站模块的 I/O 信号 | 可以读/写 |
| #CH~#1BH | #12~#27 | 参数信息区域 | 存储数据参数,进行数据链接 | 可以读/写 |
| #1CH~#1EH | #28~#30 | 主站模块控制信号 | 控制主站模块的信号 | 可以读/写 |
| #1FH | #31 | 禁止使用 | — | 不可写 |
| #20H~#2FH | #32~#47 | 参数信息区域 | 存储数据参数,进行数据链接 | 可以读/写 |
| #30H~#DFH | #48~#223 | 禁止使用 | — | 不可写 |
| #E0H~#FDH | #224~#253 | 远程输入（RX） | 存储一个来自远程的输入状态 | 只读 |
| #100H~#15FH | #256~#351 | 禁止使用 | — | 不可写 |
| #160H~#17FH | #352~#381 | 参数信息区域 | 将输出状态存储在一个远程站中 | 只写 |
| #180H~#1DFH | #384~#479 | 禁止使用 | — | 不可写 |
| #1E0H~#21BH | #480~#538 | 参数信息区域 | 将传送的数据存储在一个远程站中 | 只写 |

(续)

| BFM 编号 | | 内容 | 描述 | 读/写特性 |
|---|---|---|---|---|
| Hex. | Dec. | | | |
| #21FH~#2DFH | #543~#735 | 禁止使用 | — | 不可写 |
| #2E0H~#31BH | #736~#795 | 远程寄存器(RWr) | 存储一个来自远程站的数据 | 只读 |
| #320H~#5DFH | #800~#1503 | 禁止使用 | — | 不可写 |
| #5E0H~#5FFH | #1504~#1535 | 链接特殊寄存器(SB) | 存储数据链接状态 | 可以读/写 |
| #600H~#7FFH | #1536~#2047 | 链接特殊寄存器(SW) | 存储数据链接状态 | |
| #800H~ | #2048~ | 禁止使用 | — | 不可写 |

（2）BFM#AH 位　在主站模块的 BFM 中，同样是 BFM#AH，在读取和写入时的工作情况却是不同的（表 5-7），系统会自动根据 FROM/TO 指令将其改变成相应的功能。

表 5-7　BFM#AH 位的功能

| 主站模块→PLC 读模式（使用 FROM 指令） | | 主站模块←PLC 写模式（使用 TO 指令） | |
|---|---|---|---|
| 读取位 | 输入信号名称 | 读取位 | 输出信号名称 |
| b0 | 模块错误 | b0 | 刷新指令 |
| b1 | 上位站的链接状态 | b1 | 禁止使用 |
| b2 | 参数设定状态 | b2 | |
| b3 | 其他站的链接状态 | b3 | |
| b4 | 接收模块复位完成 | b4 | 要求模块复位 |
| b5 | 禁止使用 | b5 | 禁止使用 |
| b6 | 通过 BFM 的参数来启动数据链接的正常完成 | b6 | 要求通过 BFM 的参数来启动数据链接 |
| b7 | 通过 BFM 的参数来启动数据链接的异常完成 | b7 | 禁止使用 |
| b8 | 通过 EEPROM 参数来启动数据链接的正常完成 | b8 | 要求通过 EEPROM 的参数来启动数据链接 |
| b9 | 通过 EEPROM 参数来启动数据链接的异常完成 | b9 | 禁止使用 |
| b10 | 将参数记录到 EEPROM 中的正常完成 | b10 | 要求将参数记录到 EEPROM 中 |
| b11 | 将参数记录到 EEPROM 中的异常完成 | b11 | 禁止使用 |
| b12 | 禁止使用 | b12 | 禁止使用 |
| b13 | | b13 | |
| b14 | | b14 | |
| b15 | 模块准备就绪 | b15 | |

（3）参数信息区域　在主、从站进行通信时，通过设定缓冲寄存器中的参数信息实现数据链接，所设定的内容记录到 EEPROM（电擦除可编程只读存储器）中。从站内的模块基本上不需要进行参数设置，在数据链接时只需启动相应的输出点即可执行数据链接。所需设定的内容主要是针对主站模块内缓冲寄存器中参数的设置，缓冲寄存器中的参数设定内容见表 5-8。

表 5-8 缓冲寄存器中的参数设定内容

| BFM 编号 | 内容 | 作用 | 默认值 |
|---|---|---|---|
| #00H | 禁止使用 | — | — |
| #01H | 连接模块的数量 | 设定所连接的远程站模块的数量(包括保留的站) | 8 |
| #02H | 重试的次数 | 设定对出故障站的重试次数 | 3 |
| #03H | 自动返回模块的数量 | 设定在一次链接扫描过程中可以返回到系统中的远程站模块的数量 | 1 |
| #04H~#05H | 禁止使用 | — | — |
| #06H | 预防 CPU 死机的操作规格 | 当主站 PLC 出现错误时,规定数据链接的状态 | 0(停止) |
| #07H~#09H | 禁止使用 | — | — |
| #CH~#FH | 禁止使用 | — | — |
| #10H | 保留站的规格 | 设定保留站 | 0(无规格) |
| #11H~#13H | 禁止使用 | — | — |
| #14H | 错误无效站的规格 | 规定出故障的站 | 0(无规格) |
| #15H~#1BH | 禁止使用 | — | — |
| #1CH | FROM/TO 指令存取出错时的判断时间 | 设定 FROM/TO 指令存取出错时的判断时间(单位为 10ms) | 200ms |
| #1DH | 允许外部存取的范围 | 当对一个不可连接的站或者地址进行存取时,输入"1" | 0 |
| #1EH | 模块代码 | 明确 $FX_{2N}$-16CCL-M 的模块代码 | K7510 |
| #1FH | 禁止使用 | — | — |
| #20H~#2EH | 从站信息 | 设定所连接站和保留站的类型 | 站类型:远程 I/O 站和远程设备站<br>占用的站数:1~4<br>站号码:1~15 |

对表 5-8 中的部分参数说明如下:

1) #10H 表示保留站的规格,对被包括在所连接的远程模块数量中,但实际上并不连接的远程站进行规定,使这些站不被视为"数据链接故障站"。

但是要注意两点,一是当远程站被设定为保留站时,这个站不能执行任何数据链接;二是将保留站的站号码位设为 1,若一个远程站占用多个站,则将站号码设定开关中设定站号码的那个位启动即可。图 5-10 所示为将 4 号站和 9 号站设为保留站,以备后用。

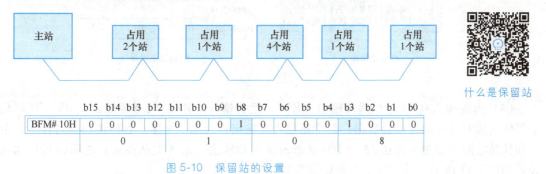

图 5-10 保留站的设置

2）#20H~#2EH 表示从站的信息，设定符合所连接的远程站和保留站的站类型，一共可以设置 15 个从站。其信息的数据结构如图 5-11 所示，模块信息对应的缓冲寄存器地址见表 5-9。

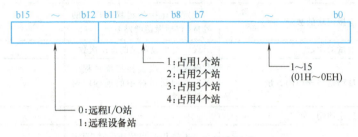

图 5-11　从站信息的数据结构

表 5-9　模块信息对应的缓冲寄存器地址

| 模块 | BFM 号码 | |
|---|---|---|
| | Hex. | Dec. |
| 第 1 个模块 | #20H | #32 |
| 第 2 个模块 | #21H | #33 |
| 第 3 个模块 | #22H | #34 |
| 第 4 个模块 | #23H | #35 |
| 第 5 个模块 | #24H | #36 |
| 第 6 个模块 | #25H | #37 |
| 第 7 个模块 | #26H | #38 |
| 第 8 个模块 | #27H | #39 |
| 第 9 个模块 | #28H | #40 |
| 第 10 个模块 | #29H | #41 |
| 第 11 个模块 | #2AH | #42 |
| 第 12 个模块 | #2BH | #43 |
| 第 13 个模块 | #2CH | #44 |
| 第 14 个模块 | #2DH | #45 |
| 第 15 个模块 | #2EH | #46 |

例如，图 5-12a 所示的系统配置，将站的信息设置表示出来，其结果如图 5-12b 所示。

图 5-12　站信息设置实例

（4）远程输入（RX）和远程输出（RY）　远程输入（RX）与远程输出（RY）区域用于存储通信时链接的位信息数据，每个站输入和输出都使用 2 个字。在链接扫描过程中，主站和从站之间可以相互传送 32 个 I/O 状态的输入和输出。系统主站和从站之间的远程输入关系如图 5-13 所示，远程输出关系如图 5-14 所示。

图 5-13 远程输入（RX）关系

图 5-14 远程输出（RY）关系

【小提示】

1）如果一个站的输入或输出没有 2 个字，仍要进行分配，有一部分是空闲的。

2）远程 I/O 设备只有输入开关量而没有输出开关量，在分配 RX 和 RY 时仍要同时分配这两者。

（5）远程寄存器（RWw/RWr） 远程寄存器（RWw/RWr）用来实现主站和从站之间的数据信息的传递，每个站分别使用 4 个字用于写入/读出数据，主、从站之间远程寄存器（RWw/RWr）的关系分别如图 5-15 和图 5-16 所示，不管远程站是否用到远程寄存器，其对应的远程寄存器的地址关系是固定不变的，系统不能随便占用和使用。

图 5-15 远程寄存器（RWw）

图 5-16 远程寄存器（RWr）

【小知识】

> **缓冲寄存器、EEPROM 以及内部存储器之间的关系**
>
> 1）缓冲寄存器：临时存储空间，暂时存放将要写入 EEPROM 或者内部存储器的一些参数信息。当主模块电源关闭时，信息被擦除。
>
> 2）EEPROM：仅当由 EEPROM 参数启动数据链接的写请求被置为 ON 时，数据链接才可启动。当主模块电源关闭时，信息被保留。
>
> 3）内部存储器：数据链接就是通过使用存储在内部存储器中的参数信息来执行的。当主模块电源关闭时，信息被擦除。

## 四、从站模块 FX$_{2N}$-32CCL

1. FX$_{2N}$-32CCL 模块的性能

1）FX$_{2N}$-32CCL 可作为一个特殊模块连接在 FX$_{0N}$/FX$_{1N}$/FX$_{2N}$/FX$_{2N}$C 系列小型 PLC 上，作为 CC-Link 的一个远程设备站，连线采用双绞屏蔽电缆。

2）通过使用 FROM/TO 指令对 FX$_{2N}$-32CCL 的缓冲寄存器进行读/写数据，完成与 FX$_{0N}$/FX$_{1N}$/FX$_{2N}$/FX$_{2N}$C 系列 PLC 的通信。

3）FX$_{2N}$-32CCL 占用 FX 系列 PLC 中的 8 个 I/O 点数，站号为 1~64，站数为 1~4。

4）传输速率与最大传输距离之间的关系见表 5-1。

5）每站的远程 I/O 占用点数为 32 个输入点和 32 个输出点。但最终站的高 16 点作为 CC-Link 系统专用的系统区。每站的远程寄存器数目为 4 个点的 RWw 写区域和 4 个点的 RWr 读区域。

2. FX$_{2N}$-32CCL 模块与 CC-Link 系统的连接

将 FX$_{2N}$ 系列 PLC 与 FX$_{2N}$-32CCL 从站接口模块相连在 CC-Link 系统中充当远程设备站，如图 5-17 所示。一个系统中最多可以使用 4 个 FX$_{2N}$-32CCL 模块，连接电缆采用三菱电机公司推荐的屏蔽双绞电缆。

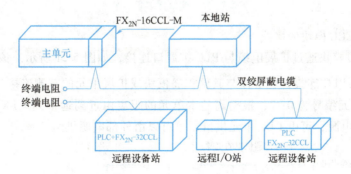

图 5-17 具有 FX$_{2N}$-32CCL 模块的 CC-Link 系统

3. FX$_{2N}$-32CCL 模块的结构

FX$_{2N}$-32CCL 模块的结构如图 5-18 所示，其中外部直流电源规格为 24×(1±10%) V，50mA。

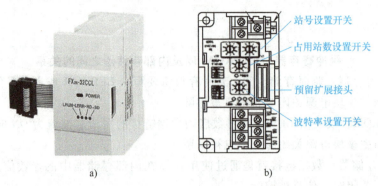

图 5-18 FX$_{2N}$-32CCL 模块的结构

站号由旋转开关设置，编号为 1~64，PLC 断电时设置，PLC 重新上电后才有效。如果在 PLC 带电的情况下改变旋转开关的位置（站数的旋转开关除外），L ERR 指示灯会点亮闪烁。占用站数由旋转开关设置，0 代表 1 个站，1 代表 2 个站，2 代表 3 个站，3 代表 4 个站，4~9 代表不使用，如图 5-19 所示。

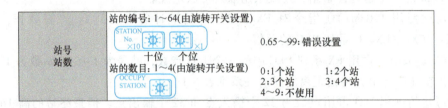

图 5-19 站号和站数的设置

传输速率由旋转开关设置，设置情况如图 5-20 所示。

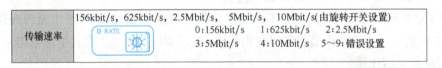

图 5-20 传输速率的设置

### 4. FX$_{2N}$-32CCL 模块的接线

FX$_{2N}$-32CCL 模块通过扩展电缆与 PLC 扩展口连接，如图 5-21 所示。该模块可以直接与 FX$_{0N}$/FX$_{1N}$/FX$_{2N}$ PLC 连接，也可以与其他扩展模块或扩展单元的右侧连接，最多可以连接 8 个特殊单元，单元编号为 0~7，根据离基本单元的距离由近到远排列。FX$_{2N}$-32CCL 模块需要提供 DC 24V 电源，可由 PLC 单元供给，也可以由外部电源供给。

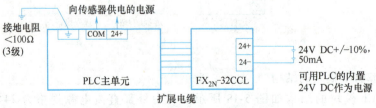

图 5-21 FX$_{2N}$-32CCL 模块与 PLC 连接

$FX_{2N}$-32CCL 模块的通信端通过双绞屏蔽电缆与从站相连,外部接线如图 5-22 所示。连接要点如下:

1) 用双绞屏蔽电缆将各站的 DA 和 DA 端子、DB 与 DB 端子、DG 与 DG 端子连接。$FX_{2N}$-32CCL 拥有两个 DA 端子和两个 DB 端子,非常方便与下一个站连接。

2) 将每站的 SLD 端子与双绞屏蔽电缆的屏蔽层相连。

3) 每站的 FG 端子采用 3 级接地。

4) 各站的连线可以从任何一点进行,与编号的站号无关。

5) 当 $FX_{2N}$-32CCL 作为最终站时,在 DA 和 DB 的端子间需要接一个终端电阻。

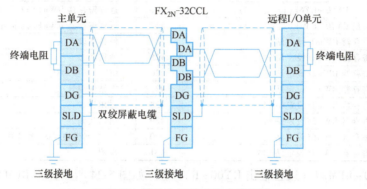

图 5-22　模块之间的通信电缆连接

5. $FX_{2N}$-32CCL 模块的缓冲存储器

(1) $FX_{2N}$-32CCL 模块中的数据通信　$FX_{2N}$-32CCL 模块通过内置缓冲寄存器(BFM)在 PLC 与 CC-Link 主站之间传送数据。缓冲寄存器由写专用缓冲寄存器和读专用缓冲寄存器组成。从站的 PLC 通过 TO 指令将数据写入写专用缓冲寄存器再传给主站,通过 FROM 指令读取读专用缓冲寄存器中来自主站的数据,如图 5-23 所示。

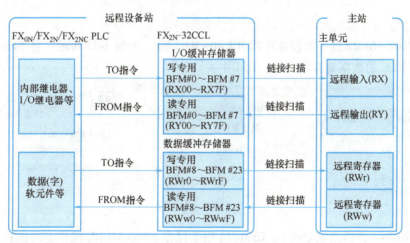

图 5-23　$FX_{2N}$-32CCL 模块中数据的流向

(2) 读专用缓冲寄存器　使用 $FX_{2N}$-32CCL 中的读专用缓冲寄存器保存主站写进来的数据以及 $FX_{2N}$-32CCL 的系统信息,PLC 可以通过 FROM 指令从读专用缓冲寄存器中将相关内容读出。

读专用缓冲寄存器中的内容见表 5-10，其使用说明及使用方法介绍如下：

表 5-10 读专用缓冲寄存器

| BFM 编号 | 说明 | BFM 编号 | 说明 |
|---|---|---|---|
| #0 | 远程输出 RY00~RY0F（设定站） | #16 | 远程寄存器 RWw8（设定站+2） |
| #1 | 远程输出 RY10~RY1F（设定站） | #17 | 远程寄存器 RWw9（设定站+2） |
| #2 | 远程输出 RY20~RY2F（设定站+1） | #18 | 远程寄存器 RWwA（设定站+2） |
| #3 | 远程输出 RY30~RY3F（设定站+1） | #19 | 远程寄存器 RWwB（设定站+2） |
| #4 | 远程输出 RY40~RY4F（设定站+2） | #20 | 远程寄存器 RWwC（设定站+3） |
| #5 | 远程输出 RY50~RY5F（设定站+2） | #21 | 远程寄存器 RWwD（设定站+3） |
| #6 | 远程输出 RY60~RY6F（设定站+3） | #22 | 远程寄存器 RWwE（设定站+3） |
| #7 | 远程输出 RY70~RY7F（设定站+3） | #23 | 远程寄存器 RWwF（设定站+3） |
| #8 | 远程寄存器 RWw0（设定站） | #24 | 波特率设定值 |
| #9 | 远程寄存器 RWw1（设定站） | #25 | 通信状态 |
| #10 | 远程寄存器 RWw2（设定站） | #26 | CC-Link 模块代码 |
| #11 | 远程寄存器 RWw3（设定站） | #27 | 本站的编号 |
| #12 | 远程寄存器 RWw4（设定站+1） | #28 | 占用站数 |
| #13 | 远程寄存器 RWw5（设定站+1） | #29 | 出错代码 |
| #14 | 远程寄存器 RWw6（设定站+1） | #30 | FX 系列模块代码（K7040） |
| #15 | 远程寄存器 RWw7（设定站+1） | #31 | 保留 |

1）BFM#0~BFM#7（远程输出 RY00~RY7F）。如图 5-24 所示，将 BFM#0 的 b15~b0 位状态读到 PLC 的 M15~M0 辅助继电器中。

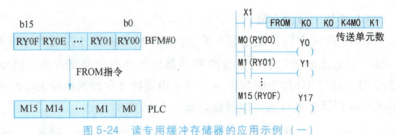

图 5-24 读专用缓冲存储器的应用示例（一）

2）BFM#8~BFM#23（远程寄存器 RWw0~RWwF）。如图 5-25 所示，将 BFM#8、BFM#9 的内容读到 PLC 的数据寄存器 D50、D51 中去。

图 5-25 读专用缓冲存储器的应用示例（二）

3）BFM#24（波特率设定值）。BFM#24 用于保存 $FX_{2N}$-32CCL 模块上的波特率设置开关的设定值，取值为 0~4，分别对应 156kbit/s、625kbit/s、2.5Mbit/s、5Mbit/s 和 10Mbit/s。只有 PLC 重新上电时，设定值才起作用。

4）BFM#25（通信状态）。BFM#25 的 b15~b0 位保存主站 PLC 的通信状态信息。只有当执行链接通信状态时，主站 PLC 的信息才有效。其位功能见表 5-11。

表 5-11 BFM#25 的位功能

| 位 | 功能 | 位 | 功能 |
| --- | --- | --- | --- |
| b0 | CRC 错误 | b8 | 主站 PLC 正在运行 |
| b1 | 超时错误 | b9 | 主站 PLC 出错 |
| b2~b6 | 保留 | b10~b15 | 保留 |
| b7 | 链接正在执行 | | |

5）BFM#26（CC-link 模块代码）。模块代码格式如图 5-26 所示。

图 5-26 模块代码格式

6）BFM#27（本站编号）。BFM#27 用于保存 $FX_{2N}$-32CCL 模块上站号设置开关的设定值，取值为 1~64。只有当 PLC 重新上电时才有效。

7）BFM#28（占用站数的设定值）。BFM#28 用于保存 $FX_{2N}$-32CCL 模块上占用站数设置开关的设定值，取值为 0~3，分别对应 1 个站、2 个站、3 个站、4 个站，只有当 PLC 重新上电时才有效。

8）BFM#29（出错代码）。出错内容以 ON/OFF 的形式保存在 b15~b0 位，其位功能见表 5-12。

表 5-12 BFM#29 的位功能

| 位 | 功能 | 位 | 功能 |
| --- | --- | --- | --- |
| b0 | 站号设置错误 | b5 | 波特率改变错误 |
| b1 | 波特率设置错误 | b6、b7 | 保留 |
| b2、b3 | 保留 | b8 | 无外部 24V 供电 |
| b4 | 站号改变错误 | b9~b15 | 保留 |

（3）写专用缓冲寄存器 $FX_{2N}$-32CCL 中的写专用缓冲寄存器用于保存 PLC 写给主站的数据。PLC 可以通过 TO 指令将 PLC 中位和字元件的内容写入写专用缓冲寄存器。

写专用缓冲寄存器中的内容见表 5-13，其使用说明及使用方法介绍如下：

表 5-13 写专用缓冲寄存器

| BFM 编号 | 说明 | BFM 编号 | 说明 |
| --- | --- | --- | --- |
| #0 | 远程输入 RX00~RX0F（设定站） | #11 | 远程寄存器 RWr3（设定站） |
| #1 | 远程输入 RX10~RX1F（设定站） | #12 | 远程寄存器 RWr4（设定站+1） |
| #2 | 远程输入 RX20~RX2F（设定站+1） | #13 | 远程寄存器 RWr5（设定站+1） |
| #3 | 远程输入 RX30~RX3F（设定站+1） | #14 | 远程寄存器 RWr6（设定站+1） |
| #4 | 远程输入 RX40~RX4F（设定站+2） | #15 | 远程寄存器 RWr7（设定站+1） |
| #5 | 远程输入 RX50~RX5F（设定站+2） | #16 | 远程寄存器 RWr8（设定站+2） |
| #6 | 远程输入 RX60~RX6F（设定站+3） | #17 | 远程寄存器 RWr9（设定站+2） |
| #7 | 远程输入 RX70~RX7F（设定站+3） | #18 | 远程寄存器 RWrA（设定站+2） |
| #8 | 远程寄存器 RWr0（设定站） | #19 | 远程寄存器 RWrB（设定站+2） |
| #9 | 远程寄存器 RWr1（设定站） | #20 | 远程寄存器 RWrC（设定站+3） |
| #10 | 远程寄存器 RWr2（设定站） | #21 | 远程寄存器 RWrD（设定站+3） |

（续）

| BFM编号 | 说明 | BFM编号 | 说明 |
|---|---|---|---|
| #22 | 远程寄存器 RWrE（设定站+3） | #27 | 未定义（禁止写） |
| #23 | 远程寄存器 RWrF（设定站+3） | #28 | 未定义（禁止写） |
| #24 | 未定义（禁止写） | #29 | 未定义（禁止写） |
| #25 | 未定义（禁止写） | #30 | 未定义（禁止写） |
| #26 | 未定义（禁止写） | #31 | 保留 |

1）BFM#0~BFM#7（远程输入 RX00~RX7F）。如图 5-27 所示，将 PLC 中 M115~M100 的状态送到 BFM#0 的 b15~b0 位中。

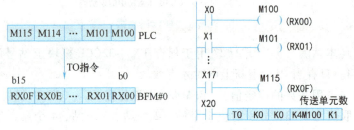

图 5-27　写专用缓冲寄存器的应用示例（一）

2）BFM#8~BFM#23（远程寄存器 RWr0~RWrF）。如图 4-28 所示，将 PLC 中的 D100、D101 的状态送到 BFM#8、BFM#9 中。

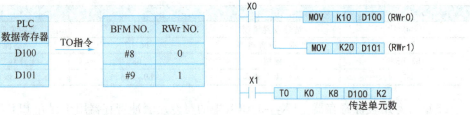

图 5-28　写专用缓冲寄存器的应用示例（二）

# 任务三　CC-Link 现场总线通信系统的组态

【任务实施】

## 一、FX 系列 PLC 与远程 I/O 模块通信系统的组态

1. 控制任务

某控制系统由 4 个站组成，分别为 0 号站（由 FX 系列 PLC 和主站模块 FX$_{2N}$-16CCL-M 作主站）、1 号从站（远程输入模块 AJ65BTB1-16D）、2 号从

FX 系列 PLC 与远程 I/O 模块通信系统组态

站（远程输出模块 AJ65BTB1-16T）和 3 号从站（远程 I/O 模块 AJ65BTB1-16DT），系统配置如图 5-29 所示。控制要求如下：

1）1 号远程 I/O 站中的 X0 输入设置为 ON，则主站的 Y0 输出就变为 ON。

2）主站的 X0 输入设置为 ON，则 2 号远程 I/O 站的 Y0 输出就变为 ON。

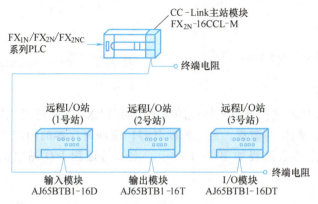

图 5-29　系统配置

2. 通信系统的构建步骤

1）主站模块参数的设定见表 5-14，从站模块参数的设定见表 5-15～表 5-17。

表 5-14　$FX_{2N}$-16CCL-M 主站模块参数的设定

| 设定开关名称 | 设定值 | 说明 |
| --- | --- | --- |
| 站号设定开关 | 0(×10),0(×1) | 站号为 0 |
| 模式设定开关 | 0 | 在线 |
| 传输速率设定开关 | 2 | 2.5Mbit/s |
| 条件设定开关 | OFF | |

表 5-15　AJ65BTB1-16D 从站模块参数的设定

| 设定开关名称 | 设定值 | 说明 |
| --- | --- | --- |
| STATION NO. | 1 | 站号为 1 |
| B RATE | 2 | 2.5Mbit/s |

表 5-16　AJ65BTB1-16T 从站模块参数的设定

| 设定开关名称 | 设定值 | 说明 |
| --- | --- | --- |
| STATION NO. | 2 | 站号为 2 |
| B RATE | 2 | 2.5Mbit/s |

表 5-17　AJ65BTB1-16DT 从站模块参数的设定

| 设定开关名称 | 设定值 | 说明 |
| --- | --- | --- |
| STATION NO. | 3 | 站号为 3 |
| B RATE | 2 | 2.5Mbit/s |

2）系统的线路连接如图 5-30 所示。

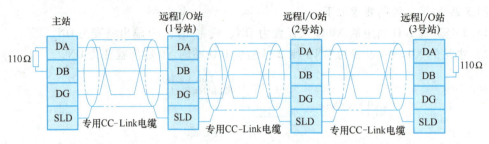

图 5-30　系统的线路连接

3）主站模块与 PLC 之间通过主站中的临时空间（RX/RY）进行数据交换。在 PLC 中，使用 FROM/TO 指令来读/写数据。当电源断开时，缓冲寄存器的内容会恢复到默认值。主站与从站之间的数据传送过程如图 5-31 所示，主站与远程 I/O 站之间传送的是 ON/OFF 信息。

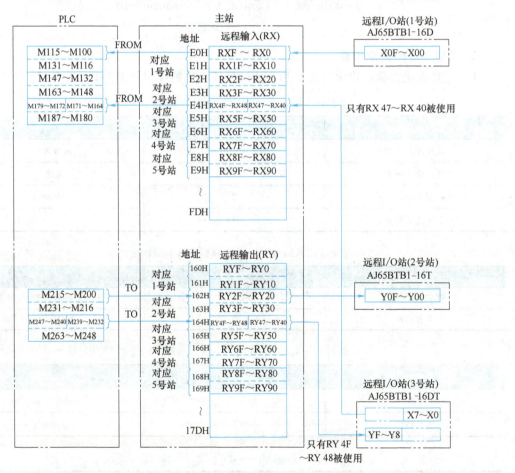

图 5-31　主从站之间的数据传送过程

3. 程序设计

1）参数设定程序如图 5-32 所示。

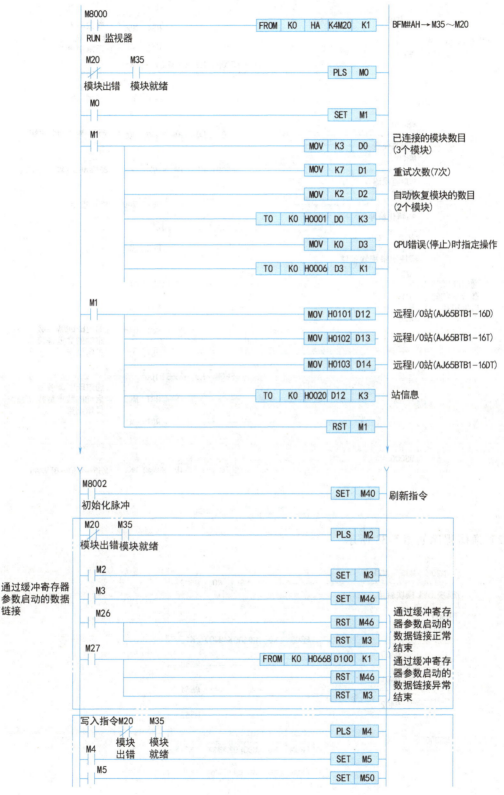

图 5-32 参数设定程序

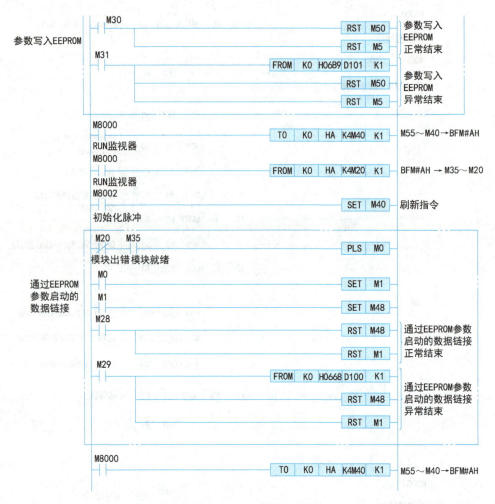

图 5-32 参数设定程序（续）

2）通信程序如图 5-33 所示。

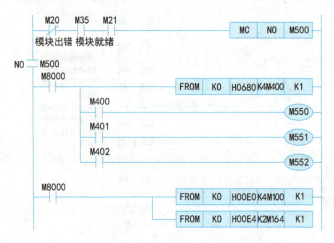

图 5-33 通信程序

图 5-33 通信程序（续）

## 二、FX 系列 PLC 与远程设备站通信系统的组态

### 1. 控制任务

某控制系统由 2 个站组成，分别为 0 号站（由 FX 系列 PLC 和主站模块 $FX_{2N}$-16CCL-M 作主站）和 1 号站（由 FX 系列 PLC 和从站模块 $FX_{2N}$-32CCL 作远程设备站），系统配置如图 5-34 所示。控制要求：当远程设备站的 X0 输入变为 ON 时，主站 PLC 的 Y0 输出变为 ON。

FX 系列 PLC 与远程设备站通信系统的组态

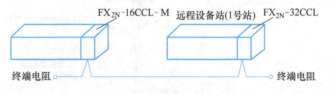

图 5-34 系统配置

### 2. 通信系统的构建步骤

1）主站模块参数的设定见表 5-18，远程设备站参数的设定见表 5-19。

表 5-18 $FX_{2N}$-16CCL-M 主站模块参数的设定

| 设定开关名称 | 设定值 | 说明 |
| --- | --- | --- |
| 站号设定开关 | 0(×10),0(×1) | 站号为 0 |
| 模式设定开关 | 0 | 在线 |
| 传输速率设定开关 | 2 | 2.5Mbit/s |
| 条件设定开关 | OFF | |

表 5-19　远程设备站参数的设定

| 设定开关名称 | 设定值 | 说明 |
|---|---|---|
| 站号设定开关 | 0(×10),1(×1) | 站号为 1 |
| 占用站数 | 0(1st) | 占用 1 个站 |
| 传输速率设定开关 | 2 | 2.5Mbit/s |

2）主、从站之间的对应关系见表 5-20。

表 5-20　主、从站之间的对应关系

| 主站 | | | I 号从站 | | |
|---|---|---|---|---|---|
| 主站 PLC | 主站模块 $FX_{2N}$-16CCL-M | | 从站模块 $FX_{2N}$-32CCL | | 从站 PLC |
| 对应存储器 | BFM 号 | 远程输入(RX)/输出(RY) | BFM 号 | 读/写专用缓冲寄存器 | 对应存储器 |
| M115-M100 | #E0H | RX0F~RX00 | #0 | RX0F~RX00 | M115~M100 |
| | #E1H | RX1F~RX10 | #1 | RX1F~RX10 | |
| M215-M200 | #162H | RY0F~RY00 | #0 | RY0F~RY00 | M215~M200 |
| | #163H | RY1F~RY10 | #1 | RY1F~RY10 | |

3. 程序设计

1）参数设定程序如图 5-35 所示。

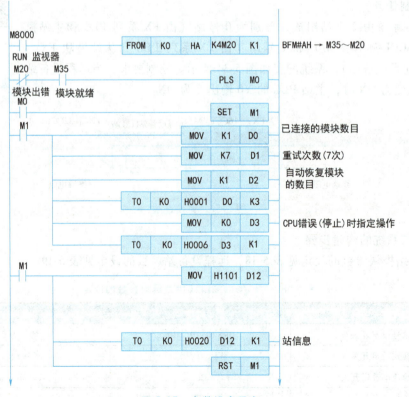

图 5-35　参数设定程序

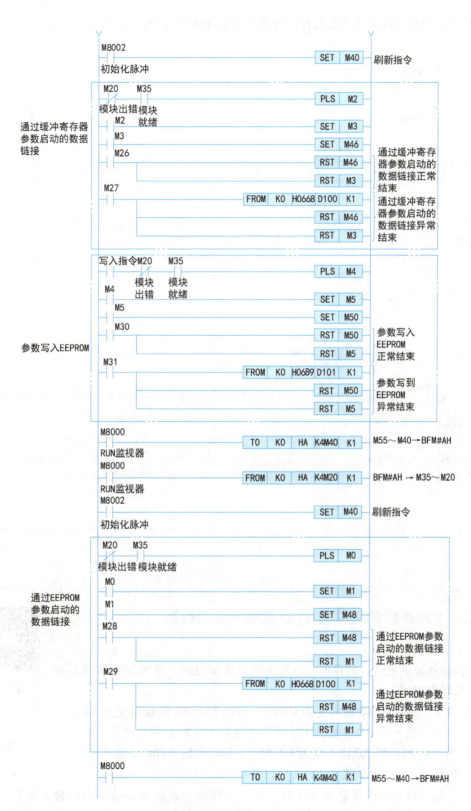

图 5-35 参数设定程序（续）

2）主站和远程设备站的通信控制程序分别如图 5-36 和图 5-37 所示。

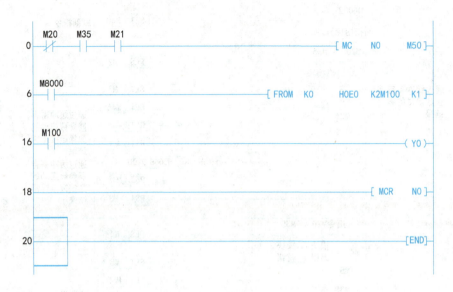

图 5-36　主站的通信控制程序

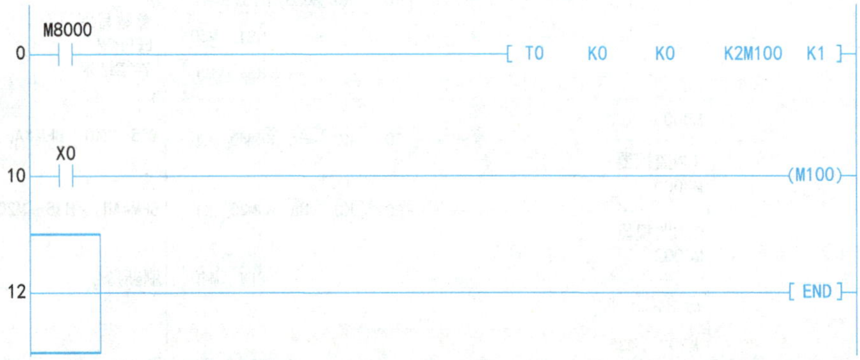

图 5-37　远程设备站的通信控制程序

## 三、FX 系列 PLC CC-Link 通信系统的组态

FX 系列 PLC
CC-Link 通信
系统的组态

### 1. 控制任务

某控制系统由主站、远程输入站和远程设备站组成，系统配置如图 5-38 所示。控制要求如下：

1）当 1 号站中的 X0 输入变为 ON 时，主站 PLC Y0 的输出变为 ON。
2）当 2 号站中的 RX00 变为 ON 时，主站 PLC Y20 的输出变为 ON。
3）当主站 PLC 的 X0 输入变为 ON 时，2 号站中的 RY00 变为 ON。

### 2. 通信系统的构建步骤

1）主站模块参数的设定见表 5-21，远程 I/O 站和远程设备站参数的设定见表 5-22 和表 5-23。

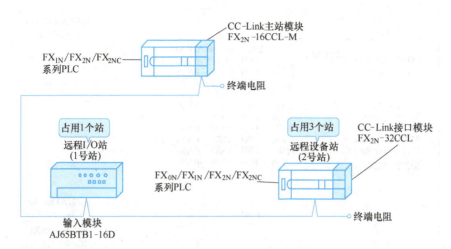

图 5-38 系统配置

表 5-21 FX$_{2N}$-16CCL-M 主站模块参数的设定

| 设定开关名称 | 设定值 | 说明 |
| --- | --- | --- |
| 站号设定开关 | 0(×10),0(×1) | 站号为 0 |
| 模式设定开关 | 0 | 在线 |
| 传输速率设定开关 | 2 | 2.5Mbit/s |
| 条件设定开关 | OFF | |

表 5-22 远程 I/O 站参数的设定

| 设定开关名称 | 设定值 | 说明 |
| --- | --- | --- |
| 站号设定开关 | 0(×10),1(×1) | 站号为 1 |
| 占用站数 | 0(1st) | 占用 1 个站 |
| 传输速率设定开关 | 2 | 2.5Mbit/s |

表 5-23 远程设备站参数的设定

| 设定开关名称 | 设定值 | 说明 |
| --- | --- | --- |
| 站号设定开关 | 0(×10),2(×1) | 站号为 2 |
| 占用站数 | 2(3st) | 占用 3 个站 |
| 传输速率设定开关 | 2 | 2.5Mbit/s |

2) 主从站之间的数据传送过程如图 5-39 所示。

3. 程序设计

1) 参数设定程序如图 5-40 所示。

2) 通信程序如图 5-41 所示。

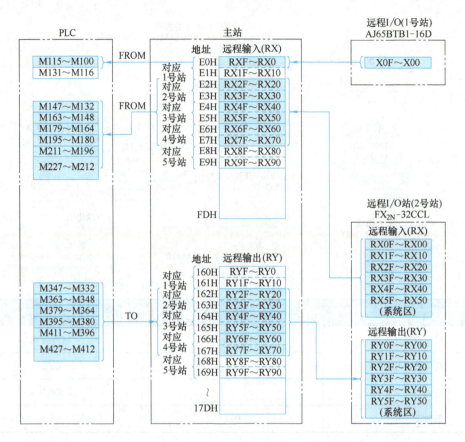

图 5-39 主从站之间的数据传送过程

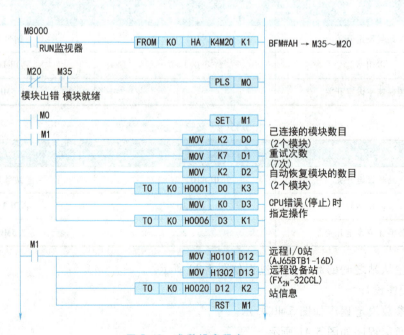

图 5-40 参数设定程序

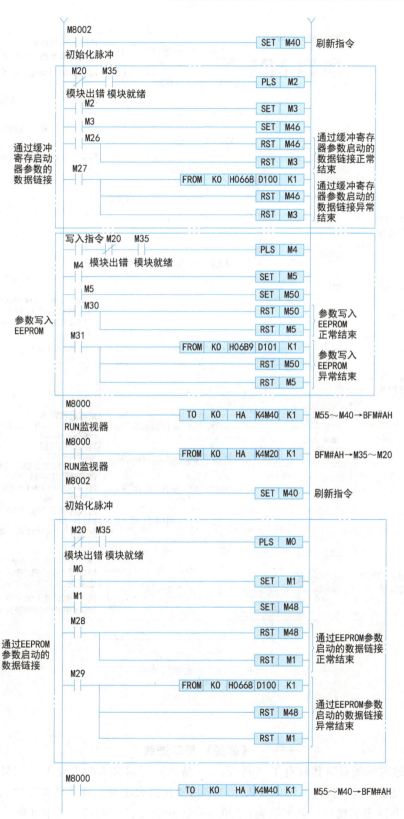

图 5-40 参数设定程序（续）

工业网络与组态技术

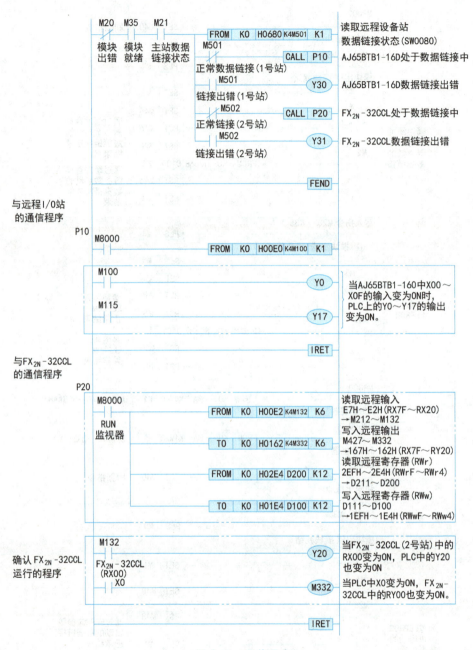

图 5-41 通信程序

【素质教育】

### 《易经》与二进制

我国远古的伏羲时代就有了《易经》,《易经》是研究万物变化的一门科学,通过卦爻来说明天地之间、日月系统以及人生与事物变化的大法则,究其研究方法就是以类似于二进制的手段来实现的。老子认为:"道生一,一生二,二生三,三生万物,万物负阴而抱阳，冲气以为和。"这段话所指的就是《易经》利用阴阳创造万物的基本思想与过程。在《易经》里，所有的"卦"是由"阴爻--"和"阳爻-"组成的。阴爻和阳爻的不同组合产生了六十四个卦象，这六十四卦象也就包罗了自然界中的万事万物。阴和阳，0和1都是代表自然界中两种不同的状态。阴和阳虽然不能像0和1一样在计算机里形象地给人们一种直观的感性认识，但它能抽象地通过阴阳的变化规律和朴素的符号来告诉人们现实世界的存在和演化规律。可以说，《易经》是通过二进制来研究天地之间万物的一门科学，是二进制的最早起源、运用。只不过中国古代是将二进制运用于天地、人事、哲学研究，而现代的信息系统领域则是将二进制运用于计算机技术，展现出丰富多彩的网络世界。

【项目报告】

| 班级 | | 姓名 | | 学号 | |
|---|---|---|---|---|---|
| 指导教师 | | | 时间 | | 年 月 日 |
| 课程名称 | 工业网络与组态技术 ||||| 
| 项目五 | CC-Link 现场总线技术应用 |||||
| 学习目标 | 了解 CC-Link 现场总线的概念；掌握 CC-Link 现场总线网络的配置；掌握基于三菱 FX 系列 PLC 的主站模块 $FX_{2N}$-16CCL-M、从站模块 $FX_{2N}$-32CCL 及现场总线通信系统的构建方法。通过 CC-Link 现场总线的学习，学生应能够完成较简单的 CC-Link 现场总线通信系统的构建。 |||||
| 任务一 | CC-Link 现场总线概述 |||||
| 回答问题 | 1. 什么是主站、远程 I/O 站、远程设备站及本地站？<br><br>2. 如何理解站数、站号和模块数？ |||||
| 任务二 | CC-Link 现场总线系统通信模块认知 |||||
| 回答问题 | 1. 简述 BFM #AH 位的功能。 |||||

（续）

| | |
|---|---|
| 回答问题 | 2. CC-Link 现场总线系统中为什么要设置保留站？如何设置保留站？图 5-10 所示系统中，如何将 4 号站和 9 号站都设为保留站以备后用？<br><br>主站 — 1号站 占用2个站 — 3号站 占用1个站 — 4号站 占用4个站 — 8号站 占用1个站 — 9号站 占用1个站 |
| 任务三 | CC-Link 现场总线通信系统的组态 |
| 实训目的 | 1. 熟悉三菱编程软件的使用方法。<br>2. 能够完成 $FX_{2N}$ 系列 PLC 与远程 I/O 模块通信系统的组建。<br>3. 能够完成 $FX_{2N}$ 系列 PLC 与远程设备站通信系统的组建。<br>4. 能够完成简单的 CC-Link 通信系统的组建。 |
| 实训内容 | 某控制系统由主站、远程输入站和远程设备站组成。<br><br>CC-Link主站模块 $FX_{2N}$-16CCL-M<br>$FX_{1N}/FX_{2N}/FX_{2NC}$ 系列PLC<br>终端电阻<br>占用1个站 远程I/O站（1号站）<br>占用3个站 远程设备站（2号站） CC-Link接口模块 $FX_{2N}$-32CCL<br>$FX_{0N}/FX_{1N}/FX_{2N}/FX_{2NC}$ 系列PLC<br>终端电阻<br>输入模块 AJ65BTB1-16D<br><br>控制要求如下：<br>1. 当 1 号站中的 X0 输入变为 ON 时，主站 PLC Y0 的输出变为 ON。<br>2. 当 2 号站中的 RX00 变为 ON 时，主站 PLC Y10 的输出变为 ON。<br>3. 当主站 PLC 的 X0 输入变为 ON 时，2 号站中的 RY00 变为 ON。 |
| 操作步骤 | |
| 本项目学习总结 | |

## 【项目评价】

| 项目五　CC-Link 现场总线技术应用 ||||||
|---|---|---|---|---|---|
| 基本素养（30 分） ||||||
| 序号 | 内容 || 自评 | 互评 | 师评 |
| 1 | 纪律（10 分） |||||
| 2 | 安全操作（10 分） |||||
| 3 | 交流沟通（5 分） |||||
| 4 | 团队协作（5 分） |||||
| 理论知识（30 分） ||||||
| 序号 | 内容 || 自评 | 互评 | 师评 |
| 1 | 主站、远程 I/O 站、远程设备站及本地站（6 分） |||||
| 2 | 站数、站号和模块数（6 分） |||||
| 3 | CC-Link 现场总线系统的通信原理（6 分） |||||
| 4 | 主站模块 $FX_{2N}$-16CCL-M 的结构（6 分） |||||
| 5 | 从站模块 $FX_{2N}$-32CCL 的结构（6 分） |||||
| 操作技能（40 分） ||||||
| 序号 | 内容 || 自评 | 互评 | 师评 |
| 1 | FX 系列 PLC 与远程 I/O 模块通信系统的组态（10 分） |||||
| 2 | FX 系列 PLC 与远程设备站通信系统的组态（10 分） |||||
| 3 | FX 系列 PLC CC-Link 通信系统的组态（20 分） |||||

# 项目六 工业控制组态

## CHAPTER 6

### 知识目标
- 了解 WinCC 组态软件的安装、使用方法
- 掌握 WinCC 项目管理器、变量的组态方法
- 掌握 WinCC 过程画面的创建方法及组态技巧

### 能力目标
- 能够理解组态软件在自动控制系统中的作用
- 能够完成较简单的 WinCC 工程组态

### 素养目标
- 树立科技报国的信念
- 具有克服困难的勇气和决心

【问题引入】

在现代工业自动化系统中，除了自动化控制装置 PLC 和现场总线产品、通信网络之外，HMI/SCADA（人机接口/监控与数据采集系统）也是其重要的组成部分。西门子视窗控制中心 SIMATIC WinCC（Windows Control Center）组态软件是 HMI/SCADA 软件中的后起之秀。该组态软件的主要特点表现为实时多任务、面向对象操作、在线组态配置、开放接口连接、功能丰富多样、操作方便灵活以及运行高效可靠等。数据采集和控制输出、数据处理和算法实现、图形显示和人机对话、数据储存和数据查询、数据通信和数据校正等任务在系统调度机制的管理下可有条不紊地进行。本项目将介绍 WinCC 组态软件的功能、设计及应用。

【学习导航】

# 任务一　WinCC 项目管理器认知

【任务描述】

西门子视窗控制中心（SIMATIC WinCC）是在计算机上对 PLC 控制的运行设备进行状态监控的软件。运行该软件，可以动画监视现场设备的运行状况，监视相应的运行参数，以及更改、设置系统的运行数据。本任务将介绍 WinCC 软件的使用方法。

【任务学习】

## 一、项目管理器的使用

1. WinCC 项目管理器的启动模式

在首次启动 WinCC 时，系统将打开没有项目的 WinCC 项目管理器。当再次启动 WinCC 时，上次最后打开的项目将再次被打开。使用组合键<Shift+Alt>，可避免 WinCC 立即打开项目。当启动 WinCC 时，同时按下<Shift+Alt>，并保持该状态，直到出现 WinCC 项目管理器窗口，即可使项目管理器打开时不打开项目。

2. WinCC 项目管理器的用户界面

WinCC 项目管理器的用户界面由标题栏、菜单栏、工具栏、浏览窗口和数据窗口等组成，可以完成创建和打开项目、管理项目数据和归档、打开各种编辑器、激活或取消激活项目等工作，如图 6-1 所示。

图 6-1　WinCC 项目管理器的用户界面

如图 6-2 所示，WinCC 中的工程项目分为 3 种类型：单用户项目、多用户项目和客户机项目，项目包括计算机、变量管理器和编辑器等组件。

（1）单用户项目　单用户项目是一种只拥有一个操作终端的项目类型。项目的计算机既用作进行数据处理的服务器,又用作操作员的输入站,其他计算机不能访问该计算机上的项目(通过 OPC 等访问的除外)。单用户项目可与多个控制器建立连接。如果只希望在 WinCC 项目中使用一台计算机进行工作,可创建单用户项目。

(2) 多用户项目 多用户项目的特点是同一项目使用多台客户机和服务器,在此最多可支持 16 台客户机访问一台服务器,可以在服务器或任意客户机上组态,任意一台客户机可以访问多台服务器上的数据,任意一台服务器上的数据也可被多台客户机访问。如果希望在 WinCC 项目中使用多台计算机进行协调工作,则可创建多用户项目。

图 6-2 "WinCC 项目管理器"对话框

(3) 客户机项目 如果创建多用户项目,则随后必须创建对服务器进行访问的客户机,并在将要用作客户机的计算机上创建一个客户机程序。对于 WinCC 客户机,存在以下两种基本情况:

1) 具有一台或多台服务器的多用户系统。客户机访问多台服务器,运行系统数据分布于不同服务器上,多用户项目中的组态数据位于相关服务器上。客户机上的客户机项目中可以存储本机的组态数据:画面、脚本和变量。

2) 只有一台服务器的多用户系统。客户机访问单台服务器,所有数据均位于服务器上,并在客户机上进行引用。

(4) 计算机的属性 创建项目后,必须调整计算机的属性。如果是多用户项目,必须单独为每台创建的计算机调整属性。单击 WinCC 项目管理器浏览窗口中的"计算机"图标,选择所需要的计算机,并在快捷菜单中选择"属性"命令,打开"计算机属性"对话框进行设置。

3. WinCC 创建和编辑项目

(1) 创建项目前的准备 为了更有效地创建 WinCC 项目,应对项目的结构给出一些初步的考虑。根据数据规划项目的大小,按照规定的规则进行某些设置。在开始创建一个项目前应考虑以下几方面:

1) 项目类型:在开始创建项目前,应清楚创建的是单用户项目,还是多用户项目。如果正在规划一个具有 WinCC 客户机或 Web 客户机的项目,则应确保已熟悉相关影响性的因素。

2) 项目路径:不需要将 WinCC 项目创建在安装有 WinCC 的同一分区里,有时最好将 WinCC 项目创建在一个单独的分区上。

3) 项目名称:一旦完成项目的创建,再对项目的名称进行修改就会涉及许多操作,因此,建议在创建项目之前就确定合适的名称。

(2) 创建项目的步骤

1) 指定项目的类型:单击 WinCC 项目管理器工具栏上的"文件"→"新建"按钮,打开 WinCC 资源管理器对话框,选择项目类型,并单击"确定"按钮,即可打开"创建新项目"对话框,如图 6-3 所示。

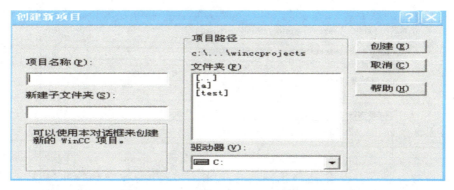

图 6-3 "创建新项目"对话框

2）指定项目名称和项目存放的文件夹：在"创建新项目"对话框中输入项目名称和项目的完整存储路径。单击"创建"按钮进行确认。WinCC 将创建具有指定名称的项目，并可在 WinCC 项目管理器中打开它。

3）更改项目的属性：单击 WinCC 项目管理器浏览窗口中的项目名称，并在快捷菜单中选择"属性"命令，打开"项目属性"对话框，如图 6-4 所示。在"常规"选项卡上包含当前项目的常规数据；在"更新周期"选项卡上，可选择更新周期，并可定义 5 个用户周期，用户周期的时间可选择；在"热键"选项卡上，可为 WinCC 用户登录或退出定义热键。

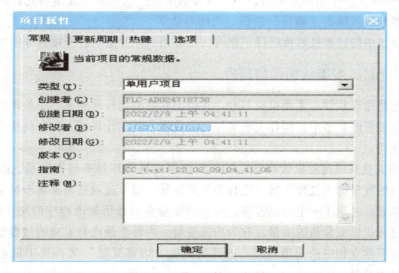

图 6-4 "项目属性"对话框

（3）指定计算机的属性　创建项目时，必须调整将在其上激活项目的计算机的属性。在多用户项目中，必须单独为每台创建的计算机调整属性。操作步骤如下：

1）单击 WinCC 项目管理器浏览窗口中的"计算机"图标，选择所需要的计算机，并在快捷菜单中单击"属性"命令，打开"计算机属性"对话框，如图 6-5 所示。

2）在"常规"选项卡上，检查"计算机名称"输入框中是否输入了正确的计算机名称，此名称与 Windows 的计算机名称相同。Windows 下的计算机名称可以在 Windows 控制面板中的"系统"→"计算机名称"（Windows XP 系统）选项卡上找到。

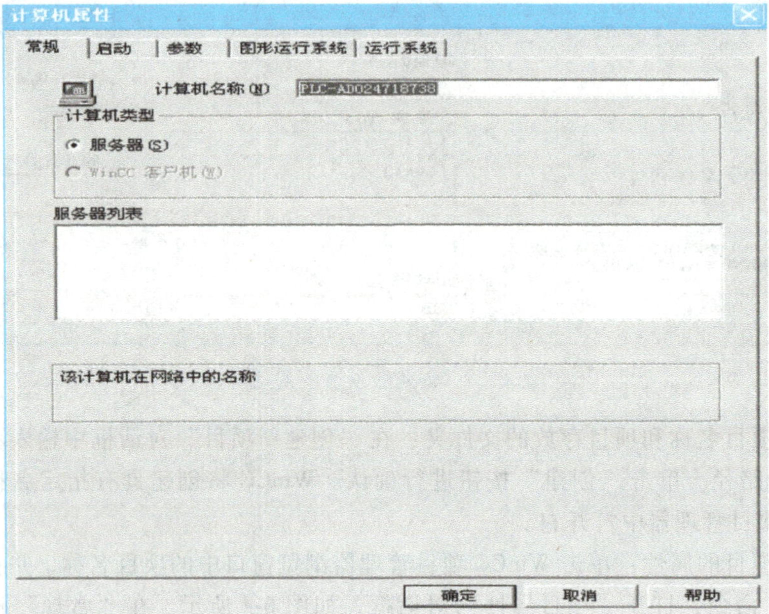

图 6-5 "计算机属性"对话框

3) 如果创建了一个多用户项目,则"计算机类型"选项组会显示将此计算机计划用作服务器还是客户机。单击"确定"按钮,关闭对话框。

如果对项目中的计算机名称进行了修改,则必须关闭并重新打开项目才能生效。

## 二、WinCC 变量的创建与管理

变量系统是组态软件的重要组成部分,在组态软件的运行环境下,工业现场的生产状况实时地反映在变量的数值中;操作人员监控过程数据,其在计算机上发布的指令将通过变量传送给生产现场。

WinCC 的变量系统是变量管理器,WinCC 使用变量管理器来组态变量。由外部过程为其提供变量值的变量称为过程变量,也称为外部变量。每个过程变量都属于特定的过程驱动程序和通道单元,并属于一个通道连接。相关的变量在该通信驱动程序的文件结构中创建。不是由外部过程提供变量值的变量,称为内部变量。内部变量没有对应的过程驱动程序和通道单元,不需要建立相应的通道连接。内部变量在"内部变量"文件夹中创建。为便于查看,可按组排列变量。

1. 创建和编辑变量

(1) 创建过程变量  过程变量用于 WinCC 与自动化系统之间的通信。可在组中创建过程变量,或者在创建完过程变量后将其移动到组中。

在创建过程变量之前,必须安装通信驱动程序,并至少创建一个过程连接。过程变量具体创建步骤如下:

1) 在 WinCC 项目管理器的变量管理器中,打开将为其创建过程变量的通信驱动程序,选择所需要的通道单元及相应的连接,如图 6-6 所示。

2) 右击相应的连接,并从快捷菜单中选择"新建变量"选项,打开"变量属性"对话框，在"常规"选项卡上输入变量的名称，并选择变量的数据类型，如图 6-7 所示。

3）单击"选择"按钮，打开"地址属性"对话框，输入变量的地址。单击"确定"按钮关闭对话框，完成过程变量的创建。

4）变量创建完成后还可对地址进行修改。右击希望修改的过程变量，从快捷菜单中选择"寻址"选项，即可打开"地址属性"对话框。

5）设置限制值。除二进制变量外，过程变量和内部变量的数值型变量都可以设定上限值和下限值。使用限制值可以避免变量的数值超出所设置的限制值。当过程值超出上限值和下限值的范围时，WinCC 将使数值变为灰色，且不再对其进行任何处理。在"变量属性"对话框中选择"限制/报告"选

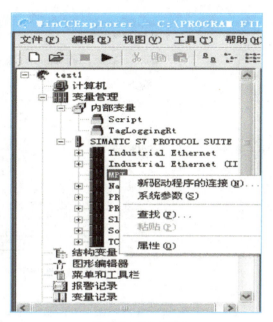

图 6-6 建立连接

项卡，选择"上限"和"下限"复选按钮，激活相应上限和下限的文本框，输入所期望的上、下限值，如图 6-8 所示。

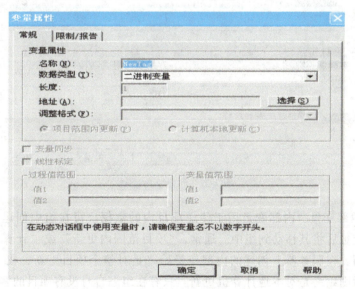

图 6-7 "变量属性"对话框

6）设置替换值。当与自动化系统的连接出错，或不存在有效的过程值，或过程值超出上、下限值时，可以用预先定义的替换值来代替。需要注意的是，内部变量没有替换值，过程变量才有替换值。

7）设置线性标定。如果希望以不同于自动化系统所提供的过程值进行显示，则可使用线性标定，如图 6-9 所示。

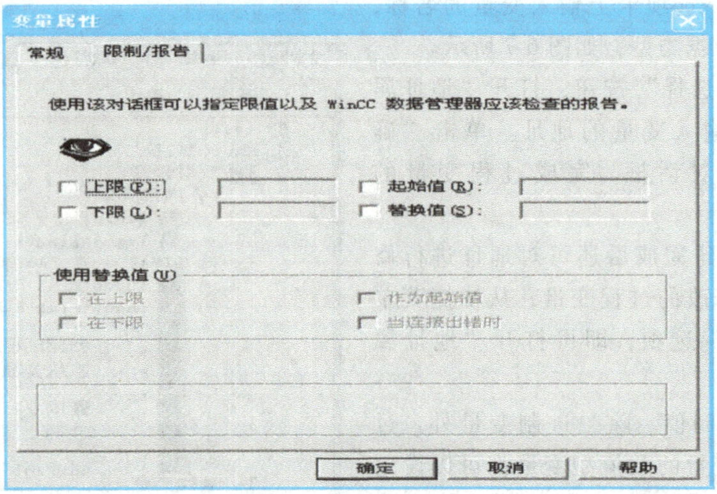

图 6-8 设置限制值

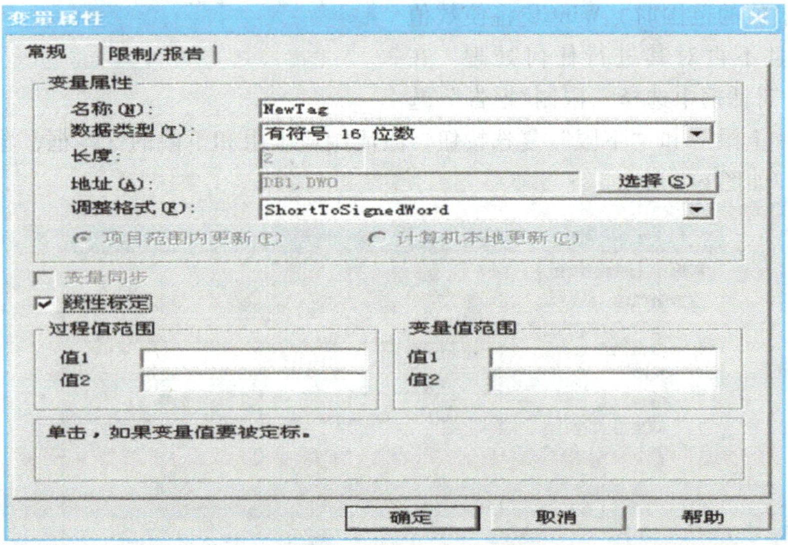

图 6-9 设置线性标定

(2) 创建内部变量　内部变量用于传送项目内的数据。可在组中创建内部变量,或者在创建完内部变量后将其移动到组中。通常,"项目范围内更新"或"计算机本地更新"设置没有任何作用。在服务器上创建的内部变量始终是对整个项目更新,在 WinCC 客户机上创建的内部变量则始终是对本地计算机更新。只有在组态自身没有项目的客户端时才会涉及该项设置。

操作步骤如下:

1) 在"变量管理"编辑器中选择"内部变量"文件夹,单击鼠标右键,弹出快捷菜单,选择"新建变量"命令,打开"变量属性"对话框,如图 6-10 所示。

2) 在"常规"选项卡上输入变量的名称,并选择变量的数据类型。

3) 必要时,指定限制值、起始值和替换值。激活项目时,如果没有可用的过程值,则

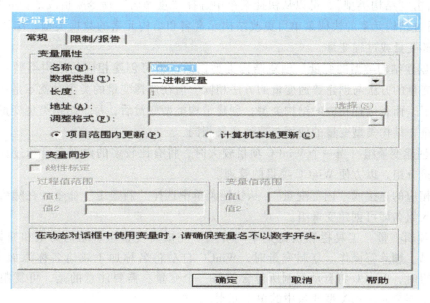

图 6-10 "变量属性"对话框

设置为起始值。

2. 创建结构类型和变量组

（1）创建结构类型　结构类型变量是一个复合型的变量。它包括多个结构元素，要创建结构类型变量，先创建相应的结构类型。

操作步骤如下：

1）右击 WinCC 项目管理器中的"结构类型"，并从快捷菜单中选择"新建结构类型"命令，打开"结构属性"对话框，如图 6-11 所示。

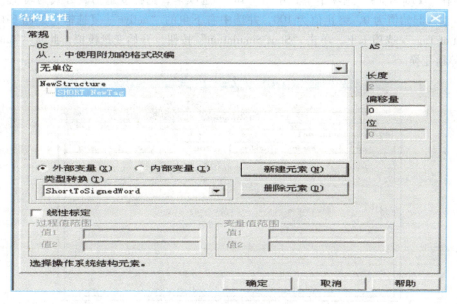

图 6-11 "结构属性"对话框

2) 右击"结构类型",可以从快捷菜单中选择"重命名"命令来更改结构的名称。

3) 通过结构元素的快捷菜单可更改结构元素名和结构元素的数据类型,结构中的元素可选择内部变量或过程变量。

(2) 创建结构类型的变量  创建结构类型以后,就可创建相应的结构类型变量。创建结构类型变量的方法与创建普通变量的方法相同。但在选择变量的类型时就不是选择简单的数据类型了,而是选择相应的结构类型,创建结构类型变量后,每个结构类型变量将包含多个简单变量,结构类型变量的使用与普通变量相同。

(3) 创建变量组  当一个 WinCC 项目较大时,将有比较多的内部变量和过程变量,这时可将变量分组,以方便 WinCC 项目的管理。

右击相应的连接或"内部变量",从快捷菜单中选择"新建组"命令,在随后出现的对话框中输入组名即可创建变量组。

(4) 编辑变量  工具栏和快捷菜单均可用于完成对变量组、结构类型和变量的剪切、复制、粘贴、删除等操作。复制变量时,WinCC 自动将名称加 1 或给名称添加一个计数;复制变量组时,WinCC 将自动复制所包含的每一个变量。需要注意的是,可复制结构类型变量,但不能复制结构类型变量中的单个元素。

3. 变量模拟器

如果 WinCC 没有连接 PLC,而又想测试项目的运行状况,则可使用 WinCC 提供的工具软件变量模拟器(WinCC Tag Simulation)来模拟变量的变化。操作步骤如下:

1) 单击 Windows 任务栏的"开始",并选择"SIMATIC"→"WinCC"→"Tools"→"WinCC Tag Simulator"选项,运行变量模拟器。这里需要注意,只有 WinCC 项目处于运行状态时,变量模拟器才能正常运行。

2) 在"Simulation"窗口中,选择"Edit"选项卡上的"New Tag"选项,从变量选择对话框中选择"TankLevel"变量。

3) 在"Properties"选项卡上,单击"Inc"选项卡,选择变量仿真方式为增 1。

4) 输入起始值为 0,终止值为 100,并选中右下角的"active"复选框,如图 6-12 所示。在"List of Tags"选项卡上,单击"Start Simulation"按钮,开始变量模拟,此时"TankLevel"值会不停地变换。

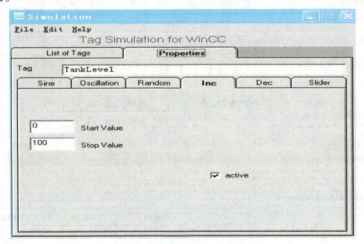

图 6-12  变量模拟器的使用界面

工业控制组态 项目六

【任务实施】

1. 任务要求

1）用 S7-300 PLC 编写按钮控制指示灯的 PLC 控制程序。要求按下启动按钮后，指示灯亮；按下停止按钮后，指示灯熄灭。

2）运用 WinCC 创建新项目，与 S7-300 PLC 建立连接，建立 3 个变量，分别对应启动按钮、停止按钮和 1 个指示灯。

3）在项目中生成新画面，组态启动按钮、停止按钮各 1 个，指示灯 1 个。要求当按下启动按钮时，实现指示灯亮；当按下停止按钮时，实现指示灯熄灭。

4）能实现 WinCC 与 PLCSIM 仿真的在线运行。

2. PLC 程序的编写

根据前面所学，本任务的硬件组态结果如图 6-13 所示，PLC 程序如图 6-14 所示，仿真软件验证如图 6-15 所示。

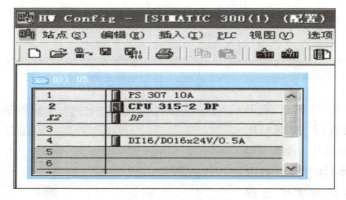

图 6-13 硬件组态结果

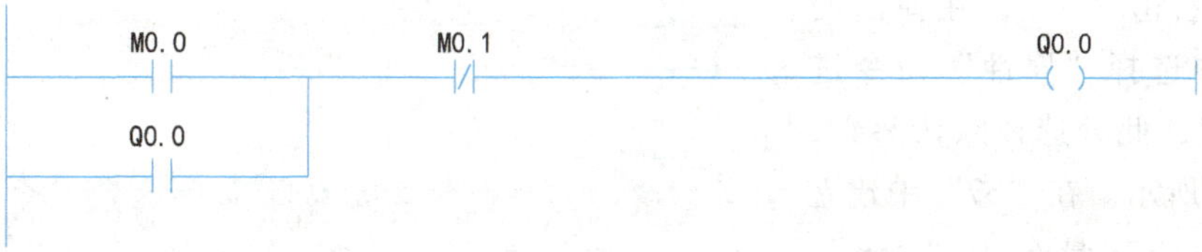

图 6-14 PLC 程序

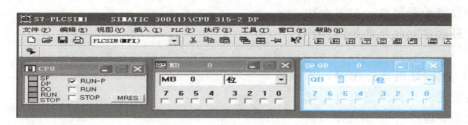

图 6-15 仿真软件验证

3. WinCC 组态设计

1）新建项目：启动 WinCC 软件，打开 WinCC 项目管理器，新建一个单用户项目，名称为"test"。

2）建立 WinCC 与 PLC 连接的驱动：双击"变量管理"，在出现的窗口中右击"变量管理"，在弹出的"添加新的驱动程序"对话框中选择"SIMATIC S7 Protocol Suite"选项，如图 6-16 所示。

图 6-16　建立 WinCC 与 PLC 连接的驱动

3）建立连接参数：双击 WinCC 通信驱动程序"SIMATIC S7 PROTOCOL SUITE"，选择 MPI 通信方式，如图 6-17a 所示，右击"MPI"，在弹出的菜单中选择"新建连接"命令，连接名称定义为"S7"，右击"S7"，在弹出的快捷菜单中选择"属性"命令进行参数设置，此处选择默认参数，如图 6-17b 所示。在"S7"中建立变量，第一个变量名为"start"，数据类型为二进制，在"地址"选项卡中设置地址属性，如图 6-18 所示，最后建立的变量如图 6-19 所示。

4）指示灯组态：在 WinCC 项目管理器左边的浏览窗口中选择"图形管理器"，右击选择"新建画面"，双击打开新建的画面，在"标准对象"中选择"静态文本"，输入需要显示的字"指示

a)

b)

图 6-17　建立连接参数

灯",并编辑颜色、字体大小等。在"标准对象"中选择"圆",在画图区画圆,右击图形,在"属性"的"颜色"中选择"背景颜色",右击"动态",选择"动态对话框"。单击"动态值范围"对话框的"表达式/公式"右侧的选择按钮,选择"变量"→"SIMATIC S7 Protocol Suite"→"MPI",双击"S7",选择"lamp";在右侧"数据类型"选项组中选择"布尔型",分别改变为真和为假时的颜色,如图 6-20 所示。单击"事件名称:变量"右侧的选择按钮,设置"标准周期"为"有变化时",如图 6-21 所示。

指示灯组态方法

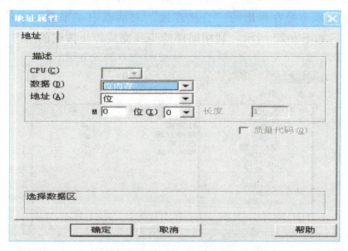

图 6-18 "地址属性"对话框

图 6-19 建立的变量

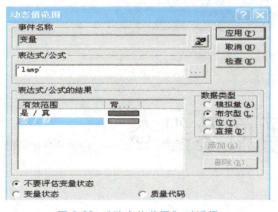

图 6-20 "动态值范围"对话框

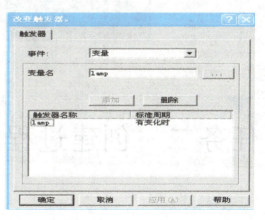

图 6-21 "改变触发器"对话框

5)按钮组态:在"窗口对象"下面选择"按钮"选项,创建"START"按钮,并调整字体的大小和颜色。单击"START"按钮,在弹出的对话框中选择"事件"→"鼠标",双击"按左键"右侧对应的"动作",弹出快捷菜单,选择"直接连接",在弹出的"直接连接"对话框中进行参数设置。其中,对话框中"来源"下的"常数"选项设置为1。在右侧"目标"下选择"变量"选项,单击右侧的"START"变量,并单击"确定"按钮,完成"按左键"的动作设置。"释放左键"的动作设置与"按左键"的动作设置步骤大致相同,不同的地方是在弹出的"直接连接"对话框中"来源"下的"常数"选项设置为0,设置完成后如图6-22所示。利用同样的步骤完成停止按钮的组态。

按钮组态方法

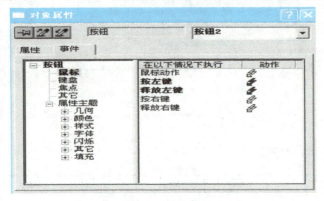

图6-22 "对象属性"对话框

6)运行:单击WinCC"图形编辑器"中的"运行"按钮,在PLC仿真软件开启且处于"run"状态的情况下,即可进行操作,其运行界面如图6-23所示。

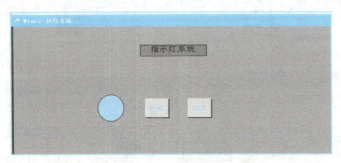

图6-23 WinCC运行界面

# 任务二 创建过程画面及组态

【任务描述】

图形编辑器是用于创建过程画面并使其动态化的编辑器。本任务将介绍WinCC图形编辑器的使用方法以及常用的画面组态与技巧。

【任务学习】

在 WinCC 组态软件中，只能为 WinCC 项目管理器当前打开的项目启动图形编辑器。WinCC 项目管理器可以用来显示当前项目中的可用画面。WinCC 图形编辑器所编辑画面文件的扩展名为 .Pdl。

## 一、WinCC 图形编辑器

在 WinCC 项目管理器中，右击"图形编辑器"，弹出的快捷菜单如图 6-24 所示。

图 6-24 "图形编辑器"的快捷菜单

"图形编辑器"的快捷菜单及其功能如下：

1)"打开"：打开图形编辑器，新建一个画面。

2)"新建画面"：新建一个画面，但不会打开图形编辑器。

3)"图形 OLL"：单击快捷菜单中的"图形 OLL"，弹出"对象 OLL"对话框。"选定的图形 OLL"列表框中的文件所包含的对象会显示在图形编辑器中的"对象选项"板上，如图 6-25 所示。

4)"选择 ActiveX 控件"：在图形编辑器中，可以使用 WinCC 或者第三方公司的 ActiveX 控件（如微软的 Microsoft Web Browser 控件），可单击快捷菜单中的"选择 ActiveX 控件"命令，在弹出的"选择 OCX 控件"对话框中进行操作，如图 6-26 所示。

在 WinCC 项目管理器中，选定画面，单击鼠标右键，弹出快捷菜单，如图 6-27 所示。

画面快捷菜单及其功能如下：

1)"打开画面"：把选定的画面打开。

2)"重命名画面"：将选定的画面重新改成设计者需要的名称。

3)"删除画面"：删除选定的画面。

4)"定义画面为启动画面"：如果将画面定义为启动画面，则运行 WinCC 项目时，这个画面为当前画面。

这时单击"打开画面"进入图形编辑器的界面，如图 6-28 所示。图形编辑器由图形程序和用于表示过程的工具组成。基于 Windows 标准，图形编辑器具有创建和动态修改过程画面的功能，相似的 Windows 程序界面使用户可以很容易地开始使用复杂程序。

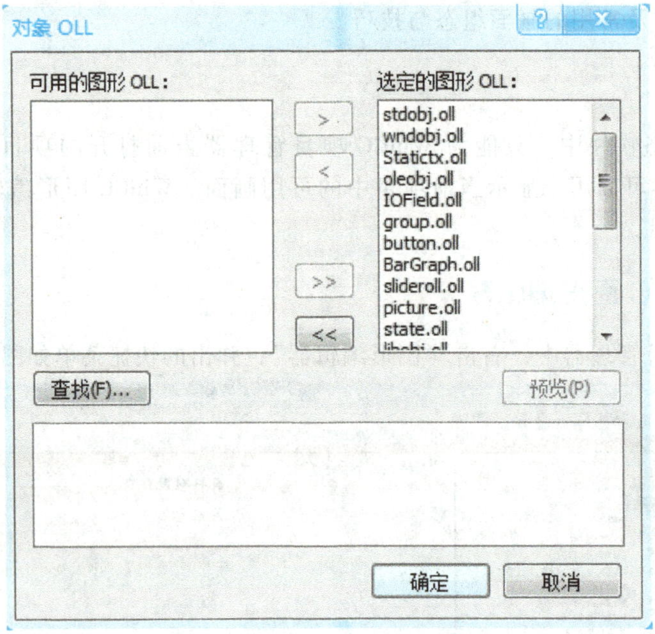

图 6-25 "图形 OLL"对话框

图 6-26 "选择 OCX 控件"对话框

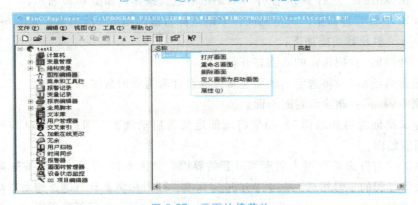

图 6-27 画面快捷菜单

工业控制组态 项目六

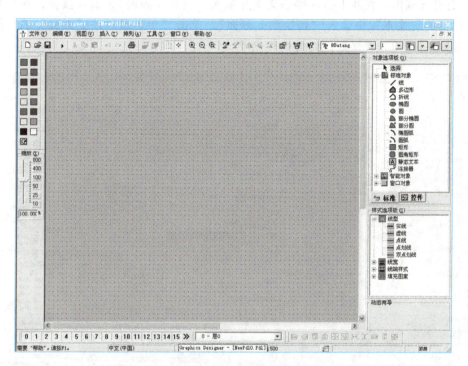

图 6-28 图形编辑器界面

## 二、图形编辑器应用举例

1. 画面切换组态

操作步骤如下：

1）在 WinCC 图形管理器中建立画面 a.Pdl 和画面 b.Pdl，如图 6-29 所示。

图 6-29 新建画面

2）打开 a 画面，在其中插入静态文本并输入"这是 a 画面"，插入按钮，在"按钮组态"对话框的"文本"中输入"切换到 b 画面"，单击"单击鼠标改变画面"右侧的选择按钮，选择"b.Pdl"并保存，如图 6-30 所示。

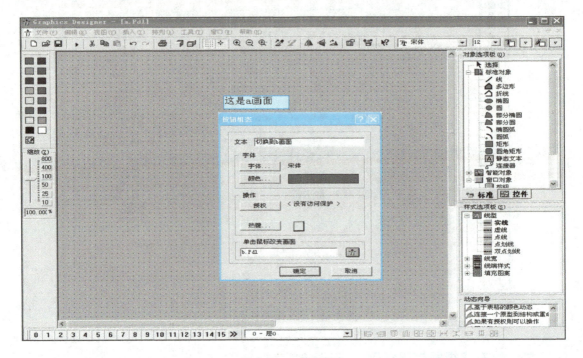

图 6-30　a 画面组态

3）同理，在 b 画面中也进行相似的操作，插入静态文本并输入"这是 b 画面"，插入按钮，在"按钮组态"对话框的"文本"中输入"切换到 a 画面"，单击"单击鼠标改变画面"右侧的选择按钮，选择"a.Pdl"保存并运行，可以看到两个画面能够通过单击按钮进行互相切换。

2. 使用状态显示对象

操作步骤如下：

1）在 WinCC 项目管理器中单击"新建"按钮，新建一个单用户项目。

2）新建变量"New Tag"，数据类型为"二进制"。

3）新建画面，并打开画面。在"标准对象"中选择"多边形"绘制一个三角形。执行"文件"下拉菜单中的"导出"命令，文件名保存为"a.emf"。删除三角形，在"标准对象"中选择"圆"，绘制一个圆形。执行"文件"下拉菜单中的"导出"命令，文件名保存为"b.emf"。

使用状态显示对象

4）删除圆形，执行"智能对象"→"状态显示"命令，在弹出的对话框中单击"变量"右侧的选择按钮并选择"NewTag"，选择"更新"为"有变化时"，单击"添加"按钮，并分别给状态"0"和"1"组态画面"a.emf"和"b.emf"，如图 6-31 所示。

5）执行"智能对象"→"输入/输出域"命令，保存并运行，可以实现通过改变输入值来改变"状态显示"中的图形，如图 6-32 所示。

图 6-31 "状态显示组态"对话框

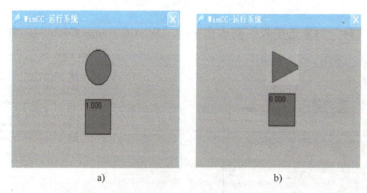

图 6-32 状态显示结果

3．制作画中画

操作步骤如下：

1) 在 WinCC 项目管理器中单击"新建"按钮，新建一个单用户项目。

2) 新建变量"NewTag"，数据类型为"无符号的 16 位值"。

3) 在图形编辑器中新建两个画面，命名为"0.Pdl"和"1.Pdl"。

4) 在画面 0 中，执行"智能对象"→"输入/输出域"命令，在弹出的对话框中单击"变量"右侧的选择按钮，选择变量"NewTag"，选择"更新"为"有变化时"，如图 6-33 所示。

5) 在"窗口对象"中，选择插入"按钮"，在打开的"按钮组态"对话框的"文本"中输入"隐藏"。右击按钮，弹出快捷菜单。在按钮属性"事件"中，选择"鼠标"，同时选中右侧的"按左键"，右击选择"直接连接"。在"直接连接"对话框的"来源"栏中，选择"常数"并输入"0"，在"目标"栏中选择"当前窗口"，在"属性"列表框中选择"显示"，如图 6-34 所示。

图 6-33 "I/O 域组态"对话框

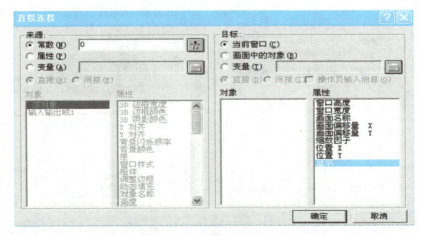

图 6-34 "直接连接"对话框

6)在右侧选择"对象选项板"列表框中的"WinCC Gauge Control",如图 6-35 所示。

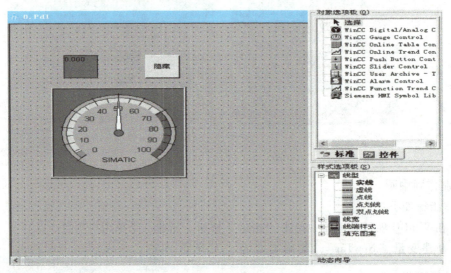

图 6-35 选择 ActiveX 控件界面

7)右击该组件,弹出快捷菜单,单击"属性",在弹出的"对象属性"对话框中,单击"事件",选择"Value",单击右侧的"更改"按钮,弹出"直接连接"对话框,单击"变量"右侧的选择按钮,选择变量"NewTag",在"对象"列表框中选择"该对象",在"属性"列表框中选择"Value",如图 6-36 所示。设置画面的"宽度"为"200","高度"为"250"。

8)打开画面 1,新建"按钮"并命名为"显示速度"。

9)在"智能对象"下组态"画面窗口"对象。右击该组件,弹出快捷菜单,单击"属性"。在打开的"对象属性"对话框中,选择"按钮"的"事件"属性,在"按左键"右侧右击"动作",选择"直接连接",在打开的"直接连接"对话框中选择"常数"并输入"1",选择右侧"目标"栏中的"画面中的对象",在"对象"列表框中选择"画面窗口 1",在"属性"列表框中选择"显示",如图 6-37 所示。

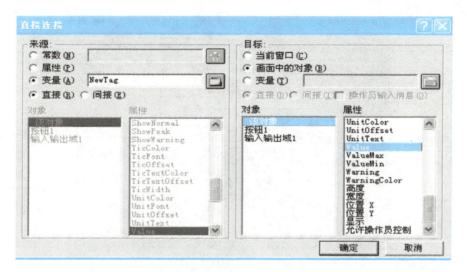

图6-36 "直接连接"对话框

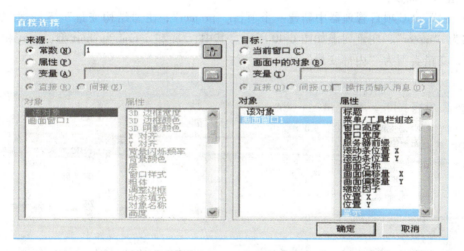

图6-37 "直接连接"对话框

10) 双击"画面窗口",弹出"对象属性"对话框,如图6-38所示。首先在属性框中选择"画面窗口"→"几何",设置窗口的宽度和高度。在"其他"中选择"边框"和"标题"为"是",在"标题"中输入标题"电机速度",在"画面名称"中双击选择画面"0.Pdl",保存并运行,并将画面"1.Pdl"设为启动画面。系统运行画面如图6-39所示。

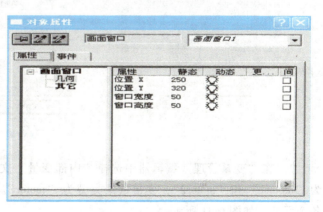

图6-38 画面窗口设置

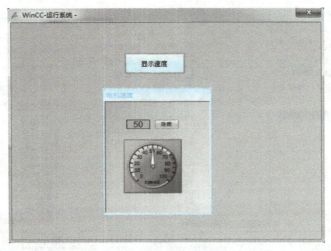

图 6-39　系统运行画面

4. 组态画面模板

1) 在 WinCC 项目管理器中新建一个项目"project",在"结构变量"下新建"结构类型"名为"motor",变量列表如图 6-40 所示。其中,set 和 actual 为 short 型,start 和 auto 为 bool 型,变量类型为"内部变量"。

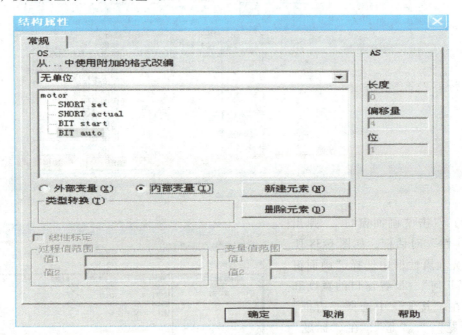

图 6-40　变量设置

2) 在"变量管理"编辑器中选择"内部变量"文件夹,建立两个变量,变量名称分别为"motor1"和"motor2",变量数据类型为"motor"。新建的两个变量含有结构变量里的各个元素,如图 6-41 所示。

3) 新建图形,输入两个静态文本,分别为"设定值"和"实际值"。在"智能对象"

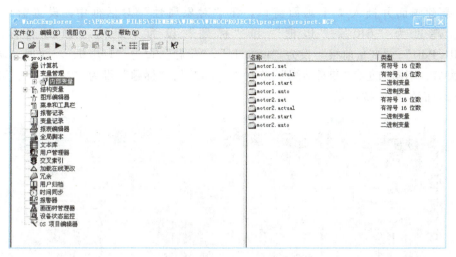

图 6-41 变量列表

下选择"棒图",在"变量"中输入"set";插入"输入/输出域",在变量中输入"set"。同理,另外新建一个"棒图"和"输入/输出域",并在变量中输入"actual"。在"库"中,执行"Operation"→"Toggle Buttons"→"On_Off_4"命令。右击"On_Off_4"组件,弹出快捷菜单,单击"属性",在弹出的"对象属性"对话框中,选择"UserDefinedl"下的"Toggle",并分别连接"set"和"actual"变量。更改画面大小,宽度设为"320",高度设为"640",如图 6-42 所示。

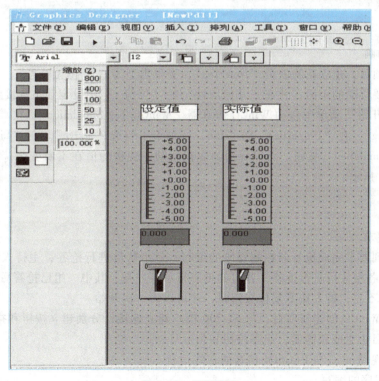

图 6-42 画面设置

4）新建画面并插入 2 个画面窗口。在"对象属性"对话框中，设置窗口宽度为"320"，高度为"640"，"边框"和"标题"设为"是"，"画面名称"设为"NewPdl1.Pdl1"，"变量前缀"设为"motor1."，"标题"设为"1#电机"。同理，设定另一个画面窗口，不同的是，"变量前缀"设为"motor2."，"标题"设为"2#电机"。组态画面模板运行界面如图 6-43 所示。

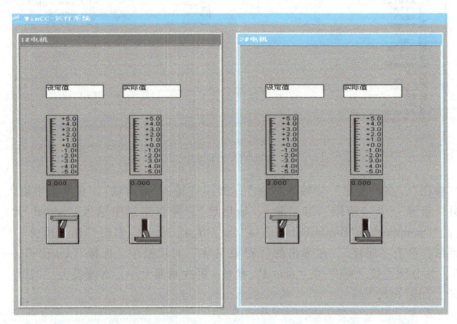

图 6-43　组态画面模板运行界面

5. 组态动画

1）新建项目，建立新的变量"New Tag"，变量类型为"16 位无符号"。

2）建立要移动的画面，并在"几何属性"的"位值 x"中设定动态链接到该变量。

3）在"开始"菜单中启动 WinCC 仿真器"WinCC Tag Simulation"，在"Edit"中添加变量"New Tag"，在"Properties"的"Inc"选项卡中勾选"active"。在"List of Tags"中单击"Start Simulation"按钮，可以看到画面在运动，变量的值在不断变化。组态动画运行界面如图 6-44 所示。

【任务实施】

1. 任务要求

1）按下列要求完成抢答器控制程序的编写：三组队员进行抢答，主持人说完题目，按下抢答按钮，各组才可进行抢答，各组的抢答指示灯才亮；其中一组已抢答后，其他组不能抢答，指示灯不亮；持人按下复位按钮时，才可以再一次开始。

2）运用 WinCC 创建新项目，与 S7-300 PLC 建立连接，分别建立按钮和指示灯的变量。

3）在项目中生成新画面，组态按钮和指示灯。

4）能实现 WinCC 与 PLCSIM 仿真的在线运行。

2. PLC 程序的编写

根据前面所学，首先进行硬件组态。打开 S7-300 PLC 编程软件，新建项目"Project"，

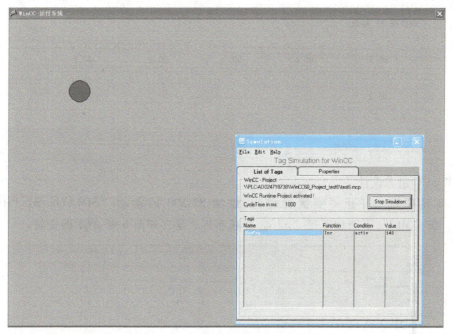

图 6-44 组态动画运行界面

右击插入"SIMATIC 300 站点",双击"硬件"进入硬件组态界面。在硬件目录中单击"RACK-300",双击"Rail"插入导轨,在 2 号槽中插入"CPU 315-2 DP",在 4 号槽中插入输入/输出扩展模块"DI/DO-300"中的"DI16/DO16×24V/0.5A",并进行保存。

打开程序输入窗口输入程序,如图 6-45 所示。

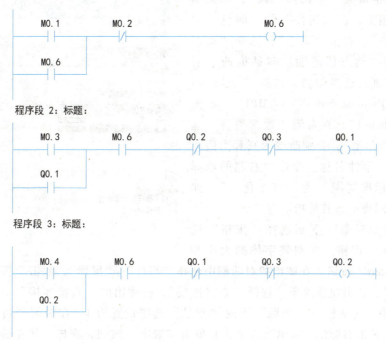

图 6-45 抢答器的 PLC 程序

程序段 4：标题：

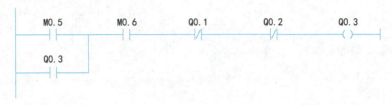

图 6-45 抢答器的 PLC 程序（续）

3. WinCC 组态设计

1）新建项目，打开"变量管理"，添加 S7-300 的驱动"SIMATIC S7 PROTOCOL SUITE"，在"MPI"下新建连接"S7"，并在连接下建立如图 6-46 所示的变量。

图 6-46 建立变量

2）在 WinCC 项目管理器左边的浏览窗口中选择"图形管理器"，右击选择"新建画面"，双击打开新建的画面，在"标准对象"中选择"静态文本"，输入需要显示的字"抢答器"，并编辑颜色、字体大小等。

3）在"标准对象"中选择"圆"，在画图区画圆，右击图形，在"属性"的"颜色"中选择"背景颜色"，右击"动态"，选择"动态对话框"。单击"动态值范围"对话框的"表达式/公式"右侧的选择按钮，选择"变量"→"SIMATIC S7 Protocol Suite"→"MPI"，双击"S7"，选择"lamp1"；在右侧"数据类型"选项组中选择"布尔型"，分别改变为真和为假时的颜色。单击"事件名称：变量"右侧的选择按钮，设置"标准周期"为"有变化时"，如图 6-47 所示。同理组态其他指示灯。

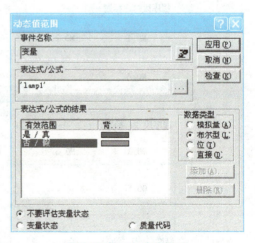

图 6-47 指示灯变量设置

4）在"窗口对象"下面选择"按钮"选项，创建"start"按钮，并调整字体的大小和颜色。单击"start"按钮，在弹出的对话框中选择"事件"→"鼠标"，双击"按左键"右侧对应的"动作"，弹出快捷菜单，选择"直接连接"，在弹出的"直接连接"对话框中进行参数设置。其中，对话框中"来源"下的"常数"选项设置为 1。在右侧"目标"下选择"变量"选项，单击右侧的"start"变量，并单击"确定"按钮，完成"按左键"的动作设置。"释放左键"的动作设置与"按左键"的动作设置步骤大致相同,所不同的地方是,在弹出的"直接连接"对话框中,"来源"下的"常数"选项设置为 0,设置完成后如图 6-48 所示。利用同样的步骤完成其他按钮的组态。

5)单击 WinCC "图形编辑器"中的"运行"按钮,在 PLC 仿真软件开启且处于"run"状态的情况下,即可进行操作,其运行界面如图 6-49 所示。

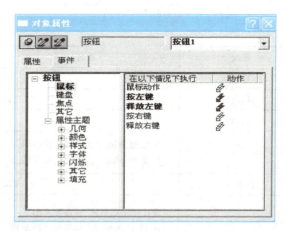

图 6-48　按钮组态

图 6-49　WinCC 运行界面

【素质教育】

### 科学家的故事——钱伟长

"九一八"事变爆发时,钱伟长刚刚跨进清华的校门。他本来是立志学中文的,可是国家的危亡和民族的灾难却让他感到,要改变国家的落后面貌,不受别国的欺负,就必须有强大的科技。钱伟长毅然决然地改学物理专业,立志投身中国的国防军事工业。古时有班超投笔从戎为国建功,近代鲁迅弃医从文为的是救国,而钱伟长弃文从理也是为了救国。其实钱伟长是典型的偏科生,物理只考了 5 分,数学、化学两科成绩加起来也不过 20 分,英文则是 0 分,而当时清华大学的理工科课堂基本上是用英语授课。物理系主任吴有训坚决不接受钱伟长,而历史系主任陈寅恪又到处打听这位历史满分的学生为何不报到。钱伟长经过不懈的努力终于如愿以偿,并变成了全班最好的学生。正是受这种爱国信念的激励,钱伟长走上了科学之路。

工业网络与组态技术

【项目报告】

| 班级 | | 姓名 | | 学号 | |
|---|---|---|---|---|---|
| 指导教师 | | | 时间 | | 年 月 日 |
| 课程名称 | 工业网络与组态技术 | | | | |
| 项目六 | 工业控制组态 | | | | |
| 学习目标 | 1. 掌握 WinCC 组态软件的应用。<br>2. 掌握 WinCC 的工程组态方法。 | | | | |
| 任务一 | WinCC 项目管理器认知 | | | | |
| 实训内容 | 设计指示灯系统,任务要求如下:<br>1. 用 S7-300 PLC 编写按钮控制指示灯的 PLC 控制程序。要求按下启动按钮后,指示灯亮;按下停止按钮后,指示灯熄灭。<br>2. 运用 WinCC 创建新项目,与 S7-300 PLC 建立连接,建立 3 个变量,分别对应启动按钮、停止按钮和 1 个指示灯。<br>3. 在项目中生成新画面,组态启动按钮、停止按钮各 1 个,指示灯 1 个。要求当按下启动按钮时,指示灯亮;当按下停止按钮时,指示灯熄灭。<br>4. 能实现 WinCC 与 PLCSIM 仿真的在线运行。 | | | | |
| 实训步骤 | | | | | |
| 任务二 | 创建过程画面及组态 | | | | |
| 实训内容 | 设计抢答器系统,任务要求如下:<br>1. 按下列要求完成抢答器控制程序的编写;三组队员进行抢答,主持人说完题目,按下抢答按钮,各组才可进行抢答,各组的抢答指示灯才亮;其中一组已抢答后,其他组不能抢答,指示灯不亮;主持人按下复位按钮时,才可以再一次开始。<br>2. 运用 WinCC 创建新项目,与 S7-300 PLC 建立连接,分别建立按钮和指示灯的变量。<br>3. 在项目中生成新画面,组态按钮和指示灯。<br>4. 能实现 WinCC 与 PLCSIM 仿真的在线运行。 | | | | |

（续）

| 任务二 | 创建过程画面及组态 |
|---|---|
| 实训内容 | 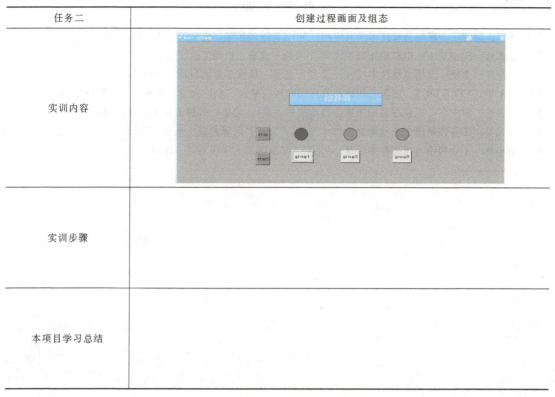 |
| 实训步骤 | |
| 本项目学习总结 | |

【项目评价】

项目六　工业控制组态

| 基本素养(30分) ||||||
|---|---|---|---|---|---|
| 序号 | 内容 | 自评 | 互评 | 师评 ||
| 1 | 纪律(10分) | | | ||
| 2 | 安全操作(10分) | | | ||
| 3 | 交流沟通(5分) | | | ||
| 4 | 团队协作(5分) | | | ||
| 基础知识(30分) ||||||
| 序号 | 内容 | 自评 | 互评 | 师评 ||
| 1 | WinCC项目管理器的启动模式(10分) | | | ||
| 2 | 过程变量的创建(10分) | | | ||
| 3 | 内部变量的创建(10分) | | | ||
| 操作技能(40分) ||||||
| 序号 | 内容 | 自评 | 互评 | 师评 ||
| 1 | 静态文本的组态(8分) | | | ||
| 2 | 按钮的组态(8分) | | | ||
| 3 | 指示灯的组态(8分) | | | ||
| 4 | 指示灯控制系统的组态(8分) | | | ||
| 5 | 抢答器控制系统的组态(8分) | | | ||

# 参 考 文 献

[1] 郭琼,姚晓宁. 现场总线技术及其应用 [M]. 2版. 北京:机械工业出版社,2014.
[2] 廖常初. S7-300/400 PLC 应用技术 [M]. 4版. 北京:机械工业出版社,2016.
[3] 刘泽祥,李媛. 现场总线技术 [M]. 2版. 北京:机械工业出版社,2011.
[4] 王永华,VERWER A. 现场总线技术及应用教程 [M]. 2版. 北京:机械工业出版社,2012.
[5] 宋云艳,段向军. 工业现场网络通信技术应用 [M]. 北京:机械工业出版社,2016.
[6] 江光灵. 工业控制组态及现场总线技术 [M]. 北京:高等教育出版社,2018.
[7] 魏小林. 工业网络与组态技术 [M]. 北京:北京理工大学出版社,2021.